牛津学科论文写作书系

丛书编委会

孙　华　　李轶男

金　立　　赵思渊

朱静宇　　江　棘

郑伟平　　杨　果

（排名不分先后）

孙　华	北京大学教授，北京大学"学术写作与表达"通识核心课主持人
李轶男	清华大学副教授，清华大学写作与沟通教学中心主任
金　立	浙江大学哲学学院教授，浙江大学中文写作教学研究中心执行主任
赵思渊	上海交通大学人文学院教授，上海交通大学学术写作与规范课程负责人
朱静宇	同济大学人文学院教授、博士生导师，同济大学人文学院教学院长
江　棘	中国人民大学教授，中国人民大学写作与表达中心执行主任
郑伟平	厦门大学哲学系教授、博士生导师，厦门大学写作教学中心课程组组长
杨　果	南方科技大学教授，南方科技大学人文中心写作与交流教研室主任

人类学写作指南

[美] 珊-埃斯特尔·布朗 著
Shan-Estelle Brown
杨秋月 译

WRITING IN ANTHROPOLOGY
A Brief Guide

中国出版集团有限公司
研究出版社

图书在版编目（CIP）数据

人类学写作指南 /（美）珊-埃斯特尔·布朗著；杨秋月译. -- 北京：研究出版社，2025.5. -- ISBN 978-7-5199-1886-6

Ⅰ. Q98-62

中国国家版本馆 CIP 数据核字第 2025EB8878 号

Writing in Anthropology: A Brief Guide by Shan-Estelle Brown Copyright © 2017 by Oxford University Press Writing in Anthropology: A Brief Guide was originally published in English in 2017. This translation is published by arrangement with Oxford University Press. EAST BABEL (BEIJING) CULTURE MEDIA CO., LTD. is solely responsible for this translation from the original work and Oxford University Press shall have no liability for any errors, omissions or inaccuracies or ambiguities in such translation or for any losses caused by reliance thereon. ALL RIGHTS RESERVED

出 品 人：陈建军
出版统筹：丁　波
责任编辑：王　玲

人类学写作指南

RENLEIXUE XIEZUO ZHINAN

［美］珊-埃斯特尔·布朗　著　杨秋月　译

研究出版社 出版发行

（100006　北京市东城区灯市口大街 100 号华腾商务楼）

天津鸿景印刷有限公司　新华书店经销

2025 年 9 月第 1 版　2025 年 9 月第 1 次印刷

开本：880 毫米 ×1230 毫米　1/32　印张：9.5

字数：204 千字

ISBN 978-7-5199-1886-6　定价：78.00 元

电话：（010）64217619　64217652（发行部）

版权所有·侵权必究

凡购买本社图书，如有印刷质量问题，我社负责调换。

中文版总序

孙华，北京大学教授，"学术写作与表达"课程负责人

从 2019 年筹备北京大学写作中心，到持续 10 个学期建设北大通识核心课程"学术写作与表达"，我和不同学科专业的老师一直在讨论如何更好地建设学术写作课，为学生提供可持续发展的学术写作之路。我们这门课是通过学术规范、论文结构、文献检索、语法修辞、逻辑思维和高效表达的内容，提升学生的学术写作素养和表达能力，为学生打下一个学术写作的基础。然而，随着进入高年级的专业学习，学生需要更精准的指导，这要求学术写作课要从通用技巧深入到学科特性，为学生提供专业论文、实验报告等的学术写作支持。

牛津大学出版社策划出版的这个"牛津学科论文写作"系列丛书，汇聚了各学科具有代表性的学者，针对不同学科的写作规范、语言风格、文献引用等方面的不同特点，帮助大学生和研究生提升学术写作的水平。翻译出版"牛津学科论文写作"丛书，一方面是克服语言障碍，让更多的中国学生受益，更好地了解国际学术标准和话语体系，另一方面是解决了目前高校的写作课程大多为通识课程，特别需要针对高年级学生不同学科的特点进行细分学术写作指导这个问题。三是每一册皆以精准的学科视角拆解写作规范，辅以实例与策略，将庞杂的学术传统凝练为可操作的指南。这有利于部分缺乏专业写作教学培训的老师在课堂上更好地进行学术指导；同时也扩大了自适应学习的资源，学生可以通过这些高质量的教材找到更适合自己学科的写作材料、范例等。

这个系列涵盖哲学、历史、社会学、政治学、人类学、工程学、生理学、护理学、音乐学等学科，也是由国内各领域知名学者承担翻译，保证了丛书中译本的权威性，助力同学们在专业学习中更从容地应对各种学术挑战，更顺利地走上学术研究之路。

英文版总序

主编 托马斯·迪恩斯（Thomas Deans）
米娅·波（Mya Poe）

虽然现在许多高校院系的各类学科都开设了写作强化课程，但很少有书籍能精准满足各门课程的确切需求。本书系致力于这一任务。以简洁、直接、实用的方式，"牛津学科论文写作"书系（*Brief Guides to Writing in the Disciplines*）为不同学科领域——从生物学和工程学，再到音乐学和政治学——的学习者提供经过实践检验的课程以及必要的写作资源。

本书系由富有教学经验的各学科专家撰写，向学生们介绍其所在学科的写作规范。这些规范在该专业的内行人看来是显而易见的常识，但对于刚进入这个学科学习或研究的新人来说可能是模糊不清的。故而，每本书都提出了关键的写作策略，配有清晰的说明和示例，预判学生们易犯的常见错误，并且点明老师在批改学生论文作业时的扣分点。

对于更擅长授课而非写作的教师,这些书可以充当便捷的教案,帮助他们讲授什么是好的学术写作,以及如何写出好的论文。大多数老师通过反复试错来锻炼自己的写作能力,经过了多年的积累,但要将自己思考和写作的经验传授给学生还是有点不得其法。"牛津学科论文写作"书系简明扼要地呈现了所有学科的写作共通的核心素养和各个学科的独特方法。

这个综合性的书系不仅对于写作强化课程极有价值,对于进入高级课程的学生、读研的学生和踏上职业道路的学生,也有指津的作用。

前言

当学习人类学课程的学生——无论是主修还是辅修——需要完成一篇规范的论文时，他们时常感到无从下手而困惑沮丧，这就是本书的宗旨——帮助他们解决面临的常见写作困难。人类学家们时常会与其他学科的专家学者探讨论文的写作方法及其风格，但过去尚未有一本可以满足本科生和研究生新手写作需求的、简洁有效的指南，本书致力于实现这一目标。具体而言，本书介绍了人类学书写人类社会的策略，以及人类学写作的句式风格技巧。人类学老师们非常重视这些内容，但一般不讲授。

我的研究方向是医学人类学，但我从人类学的所有分支领域中广泛选取案例，尽量避免偏颇之失。同时，我尽量在这些现实的案例与重要的理论方法讨论之间取得平衡。

本书的目的是既能用作人类学新生的入门读本，让他们轻松掌握写作技巧，又能作为高年级本科生（甚至是低年级研究生）的专业图书，帮助他们驾驭从简单习作到科研论文的各类写作任务。第一章介绍专业人类学家的各种写作类型，以及人类学老师对学生写作的要求与期待，这些内容可以帮助学生们在更广阔的背景中理解他们的写作，尤其提高他们对人何以为人的思考。新生们可能会发现第二章特别有用，因为这一章对于他们可能要做的短篇写作作业提供了指导。第三章旨在为基于田野调查的课程提供帮助，掀开观察（observation）类习作、参与观察（participant-observation）类习作、基础田野笔记和反身性（reflexive）写作的面纱，祛其魅惑。第四章和第五章分别梳理文献综述和研究性论文的写作技巧，特别适用于写作任务难度较高的课程。第六章不仅涉及文风和遣词造句的常见问题，还探讨了人类学特有的写作惯例。最后一章介绍引用参考文献的方法，以及将原始材料整合进自己的写作的策略，这些策略往往非常难以传授。

CONTENTS 目录

中文版总序 … 1
英文版总序 … 3
前　言 … 5

第一章
像人类学家一样思考和写作　　001

以复数而非单数思考人类学　　005
人类学写作的出现　　008
人类学写作的类型　　011
人类学写作的要求　　012
　批判性距离　　012
　介　入　　013
　反身性　　016
　文化相对论　　016

情境/历史 018
描　述 018

第二章
撰写评论文章、心得报告和书评、影评　021

评论文章 024
　　拟定"材料单" 027
　　组织草稿时要具有读者意识 027
　　在写作中要遵循比较/对比的逻辑 028
　　以探讨意义来结尾 029
心得报告 029
　　思考文章带给你的心得感悟 030
　　有重点地展开你的心得报告 032
　　以分析来架构你的心得报告 033
　　将个人感悟与分析相结合 034
书评、影评 036
　　撰写生动的引言 038
　　评估作品 041
　　民族志影片的评论 043

第三章
田野调查类作业指南　045

理解任务 051

处理资料	052
进入田野	053
收集资料并做详细的笔记	055
实施访谈	066
访谈前——制定访谈指南	066
访谈中——让受访者说	067
访谈后——分析你的笔记	068
反身性思考	070
民族志写作	072
散文格式	073
IMRD 格式	074

第四章
撰写文献综述　　077

寻找可行的主题	080
查找文献	081
寻找关系和模式	085
为选择与主题相关的文章设定入选标准	087
阅读所选文章，提取关键信息	089
查看文章的各部分	089
理解文章的主旨	089
提出关键问题	090
首先确定标题中的关键词	091
回顾摘要部分	091

检视文章的结构 092
　　　确认研究目的 092
　　　提出基本问题 093
形成你的论点 096
确立综述的结构 097
　　　引言部分 097
　　　组织正文的三种方式 102
　　　结论部分 105

第五章
研究性论文写作 107

批判性研究论文 110
　　　拟定初步的论题 112
　　　撰写有力度的引言 119
　　　撰写正文 128
　　　以有力的结论收尾 130
IMRD 报告 131
　　　方法部分的写作要领 133
　　　结果部分的写作要领 135
　　　展示数据：图表、线图还是地图？ 136
　　　讨论部分的写作要领 137
　　　引言部分的写作要领 138
　　　摘要部分的写作要领 144

第六章

完善文风　　151

种族、族群性与特殊群体的表述　　153

数字的表述　　157

时间的表述　　161

性别的表述　　163

"I"（我）的使用　　167

表述应简明扼要　　170

主动语态、被动语态的用法　　174

动词的使用　　176

　　信息类动词　　177

　　关系类动词　　178

　　解释类动词　　179

学术英语中的动词时态　　180

过渡词的用法　　182

让行文更顺畅　　184

平行结构　　189

　　Not Only...But Also（不仅……而且……）　　190

　　重复从句（同位语从句）　　191

　　排比词语的平行表述方法　　192

句子和段落的长度　　193

行话的使用　　197

容易用错的词语　　199

　　Obvious（明显的），Normal/Norm（常规的/规范），

v

Traditional（传统的）	199
Primitive（原始的）	200
模糊词	201
常被误用的同音字词	203
词库是一把"双刃剑"	204
要素之间的关系	205

第七章
注明引文来源　　　　　　　　207

捏造与剽窃	209
概括、转述和直接引用文献	213
概　括	213
转　述	215
直接引用	221
AAA/芝加哥风格的引文格式	231
带括号的文中夹注	231
特殊情况	233
参考文献列表	235
致　谢	241
附　录	243
注　释	249
参考文献	253
索　引	261

第一章

像人类学家一样思考和写作

THINKING AND WRITING LIKE AN ANTHROPOLOGIST

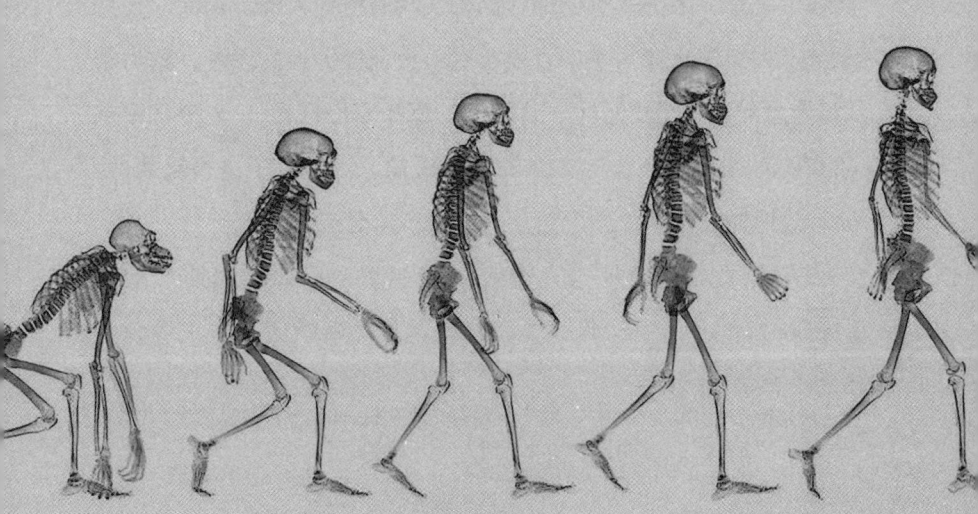

> 多年以前，在就读于芝加哥大学的时候，我必须从人类学的五个领域，即考古学、文化人类学、民族学、语言学和体质人类学中选择一个作为专业。我当时选择了文化人类学，因为它提供了书写虚语高论的绝佳机会。
>
> ——库尔特·冯内古特①（Kurt Vonnegut）
> 《圣棕树节：自传集》（*Palm Sunday*）[1]

当然，库尔特·冯内古特把文化人类学视为一门可以书写"虚语高论"，即无稽之谈的学科是在开玩笑。但是，我们能理解其言下之意，因为人类学的作品确实会有些让人稀里糊涂、迷惑不解。人类学家在写作中直面读者对人何以为人的思考，致力于"将熟悉的事物变得陌生，将陌生的事物变得熟悉"。人类学家挑战我们对社会及其建构方式的日常认知。正是由于这些复杂性，要有效地描写人类社会可能是困难的，甚至是混乱的。

人类学研究的是与人类有关的一切，正如詹姆斯·莱特（James Lett）[2]所言，将人类学与其他社会科学区别开来的两个

---

① 库尔特·冯内古特（1922—2007），德裔美国作家，美国黑色幽默文学的代表作家之一，代表作有《五号屠场》《猫的摇篮》。——编者注

特点是：人类学对文化（culture）的关注和对主位、客位之分（emic/etic distinction）的磋商，即从文化内部（主位）或文化外部（客位）的角度实施和理解人类研究。因此，人类学是一门整体性学科（即一切皆为人类学的研究范畴），同时也是一门比较性学科。莱特（1987，61—62）深入探究了人类学领域的广泛性以及这种广泛性带来的难题：

> 大多数的人类学导论性教科书将该学科描述为"整体性的"（holistic）和"比较性的"（comparative）。人类学的观点是整体性的，因为它试图检视人类生活的整体，也就是说，与政治学家、社会学家或经济学家不同，人类学家试图超越政治、社会或经济行为，去观察人类生活中所有这些因素之间的相互作用，发现它们相互之间的联系。当然，人类学家试图将更多的因素纳入他们的"整体"分析中，包括生物的、生态的、语言的、历史的和意识形态的因素。人类学的视角是比较性的，因为它从人类学家能够获得的所有史前至当代的文化中寻找信息，并检验从比较视角对信息作出的解释。

尽管数千年来人们一直在思考和书写人类的经验，但直到1896年，第一个人类学的学术机构才得以在美国建立，那便是由弗朗兹·博厄斯（Franz Boas）设立的哥伦比亚大学人类学系。从那时起，人类学在蓬勃发展的同时，也面临诸多压力，例如人类学能否被称为科学？在人类学的研究中客观性与主观性的作用如何，是客观性多些，还是主观性多些？如何处理该领域的殖民遗产和对建立该领域的早期人类学家的其他批评？人类学在多大程度上"拥有"文化研究的主权？

那些经验丰富的人类学家对人类学的界限和性质争论得脸红脖子粗，也就难怪每上一门新的人类学课程时，学生们都会对这个学科的写作要求感到六神无主。克利福德（James Clifford）和马库斯（George Marcus）³的一本颇具影响力的著作《写文化》（*Writing Culture*），在专业人类学家中引发了关于民族志写作中的反身性（reflexivity）、客观性（objectivity）和权威性（authority）等术语的无数争论，但这些复杂的术语可能不是学生们理解人类学写作最实际的起点。相反，学生们通常更希望知道他们的老师想让他们写什么类型的文章、老师有什么特别的写作禁忌，以及他们可以把前面课程中学习的哪些技能拿到这门课程中来。对于第一次作业，一些学生之所以采用五段式的散文格式或类似的格式，是因为他们认为这样比较中规中矩、安全安心。为了让文章显得专业一点，他们常常强行塞入许多人类学术语，导致那些句子看起来就像一个个装得满满当当、鼓鼓囊囊的行李箱。随着时间的推移，通过大量的阅读、思考、写作和修改，学生们会越来越善于用人类学的视角看待世界，并写出让老师点头赞赏的文章。这个过程既不会那么快，也不会那么容易，需要努力、专注和毅力，也需要练习和试错。这样的磨砺过程是必需的，甚至是具有人类学特色的。假以时日，你会越来越熟悉学科特点，并找到自己的方向。

学会像人类学家一样写作可能是任务艰巨且令人生畏的，但如果你能像人类学家一样先理解该领域的价值、模式和假设，你便可以加快人类学写作的习得过程。如果你是一个在读人类学本科生，本书可以帮助你了解人类学家如何思考，不同人类学分支领域中的研究与写作有何区别，如何用有效的方法来撰写论文，以及如何遵循人类学在引用和文风方面的规范。如果你是一名刚入学的研究生，特别是如果你在大学时期没有主修过人类学，你可能会发现本书对你也大有裨益。本书明确了人类学写作的要求，并提供了实用的策略来帮助你达到甚至超越这些要求。这绝非虚语高论。

以复数而非单数思考人类学

就像人类学家所研究的人和地域一样，他们本身也是多样性的。在学术会议上，体现这种多样性的标志之一是他们的着装：企业人类学家穿着西装；学术型研究者倾向教授式的便装，尽管有些人带有一点在国外生活染上的异域风格——一条有趣的围巾，或者一顶软呢帽；还有一些人完完全全是一副他们所工作田野点当地居民的打扮。如果要让他们说出彼此间的共通之处，他们可能只会在一个方面达成共识——大家都通过田野调查来认识人类生活的经验。

共同点仅此而已。不要认为只有一种人类学，相反，应该认为实际上存在很多种人类学。如果你浏览一下美国人类学协会（American Anthropological Association）的年会活动计划，你会看到意识人类学、欧洲人类学、食物与营养人类学、北美人类学、宗教人类学和工作人类学（Anthropology of Work）等众多名目，不一而足。

人类学始于功能主义思想（functionalism），功能主义将文化视为一个由各部分综合而成的封闭系统。如今，人类学已发展成为一门拥有众多分支领域的学科，每个分支领域的研究人员可利用各自分支的理论传统。例如，每一个关注身体、权力和性的人类学家都会研读米歇尔·福柯（Michel Foucault）的著作，而自认为是阐释主义者（interpretivist）的人类学家则往往求助于克利福德·格尔茨（Clifford Geertz）和他的深描（thick description）概念。你研究语言与社会的关系吗？如果是的话，最好提一下克洛德·列维-斯特劳斯（Claude Lévi-Strauss）。你研究进化人类学吗？查尔斯·达尔文仅仅是一个开始。如果你在课堂上听到"社会资本"（social capital）和"惯习"（habitus）这两个词，那么你的教授正在使用社会学家皮埃尔·布迪厄（Pierre Bourdieu）的框架。如果你的关注点是全球化，那就先看看阿尔君·阿帕杜莱（Arjun Appadurai）的研究。如果你对生物文化人类学（biocultural anthropology），即文化与人类生物学之间的关系感兴趣，你得研读一下詹姆斯·宾登（James Bindon）和威廉·德莱斯勒（William Dressler）。如果你的志趣在人类学的种族批判理论（critical race theory），李·D. 贝克（Lee D. Baker）的研究将会对你自己的工作有所启发，你甚至可以一直追溯到弗朗兹·博厄斯，因为他奠定了理解种族的社会建构的基础。如果你对女性主义人类学感兴趣，你将引用到莱拉·阿布-卢赫德（Lila Abu-Lughod）。当你深入研究女性主义时，你会发现女性主义实际上有几种不同版本,例如,黑人女性主义人类学(black feminist anthropology)[4]同时对女性主义和人类学的理论传统提出了挑战。

除了理论的多样性之外,人类学在方法上也是多样化的。让我们假设这样一个场景:当一个生物人类学家、一个文化人类学家、一个语言人类学家和一个考古学家同时看到一个女人坐在桌边,拿着笔在写东西。他们各自会从这个场景中解读出什么信息呢?

- 生物人类学家会看到这个女性正在写作,他想知道大脑机制如何使得其写作行为发生。她是怎么学会写字的?过去发生的哪些进化步骤使人类具备了书写能力?该女性使用书写工具和记事本的方式与黑猩猩和倭黑猩猩把棍子用作工具的方式有何相似之处?
- 文化人类学家会想和这个女性聊一聊,以期了解更多关于她写作的背景。什么因素激发或激励了她写作?她在写什么?是谁教她写作的?写作的价值是什么?她写的内容会随情境而发生变化吗?
- 语言人类学家会想知道这个人写作的内容和原因。她为什么选择这种沟通媒介?她用什么语言写作?写作需要什么样的习惯和规范?写作行为如何受到种族、阶级和性别等社会因素的影响?
- 考古学家倾向将该女性的书写视为可能会留存于后世的物质。什么会留存下来——那张纸、那支笔、那个女人中的什么会留存下来?这些物质该怎么保存?未来的考古学家将如何解读这个女人所写的内容？他们的解释会是准确的吗？

当下，这些理论和方法对你来说可能还比较陌生。但最终，作为一名人类学家，你需要熟知那些关键学者和多种视角，即使你在职业生涯中更倾向运用一种或一组方法开展研究。在这本书中，我将把重点放在思维习惯和写作习惯的训练上。尽管这些习惯大多数时候共存于大多数分支领域，但你至少应该意识到各个分支领域的独特范围，并且知道无论是在焦点和内容上，还是在格式和风格上，每个分支领域都有自己的偏好。

人类学写作的出现

人类学家可能以在世界各地进行田野调查而闻名。然而，由于他们需要记录所见所闻、寻求资金支持和发表研究成果，故而他们也需要花大量时间来写作。如果你看人类学家做田野调查的照片，最常见到的场景就是他们大多在埋头工作，忙得团团转，但还有另一种标志性的画面：他们伏案而作，专心致志地撰写田野笔记。写好田野笔记本身就是一门艺术，这门艺术超出了本书的范围，但我还是会在第三章提供一些基本的建议来指导关于小型民族志的田野笔记写作，因为本科课程中偶尔会布置这样的作业。

第一章　像人类学家一样思考和写作

图1.1　1938年，在巴布亚新几内亚，玛格丽特·米德（Margaret Mead）和格雷戈里·贝特森（Gregory Bateson）正在打字机上敲写他们的田野笔记。

大多数情况下，人类学家的写作是面向其他人类学家的。民族志和同行评议的研究（文章和著作）被视作人类学领域学术写作的最高标准。学者们也发表书评文章和撰写项目申请书，许多人还将写作扩展到更广泛的类型。有些人转向自我民族志（autoethnography），这种方法有意识地将个人叙事与学科传统分析相结合。[5] 有些人将民族志与非虚构类纪实作品[6]或诗歌[7]相结合。有些人写长篇小说[8]、基于田野调查的虚构作品[9]，甚至民族志小说（ethnographic novels）[10]。法医人类学家凯西·莱克斯（Kathy Reichs）的《坦珀伦斯·布伦南》（Temperance Brennan）系列小说催生了电视剧《识骨寻踪》（Bones）。有些人的作品发表在《国家地文学杂志《麦克斯威尼斯》(McSweeney's)以《夺宝奇兵》(Indiana Jones)系列电影为案例，讽刺了田野调查与学术写作之间的紧张关系：

> 虽然琼斯博士进行"田野研究"的次数比系里的任何人都多，但他一直没有报告他的挖掘成果，未能提供任何确凿证据证明他参加了自己所声称的考古会议，也没有在任何同行评议的期刊上发表过文章。也许得有人告诉琼斯博士，学术界的规则是"要么发表，要么出局"。(Bryan 2006)

虽然大多数人类学家对《夺宝奇兵》所虚构的寻宝故事不屑一顾，因为它贩卖的带有异国情调的"当地"文化概念完全不可信，但他们对《麦克斯威尼斯》杂志所讥讽的背后真相也会咯咯发笑。人类学家不仅需要做田野调查，而且还需要把他们的发现写出来。

理》(National Geographic)、《太平洋标准》(Pacific Standard)或《纽约客》(New Yorker)等杂志上。此外，博客允许用户分享最新的、较少受审查的，甚至古怪搞笑的内容，尽管这些内容仍然在很大程度上受到人类学思维习惯的影响。例如，"野性思维(Savage Minds)"（这里的"野性"是对一种过时观念，即人类学家将"原始"或"野蛮"文化视作一种发现的讽刺）是一个致力于"在公共领域做人类学"的群组博客。

人类学写作的类型

学生的写作作业与专业人类学家的写作在类型上相似，但为了培养学生某一特定方面的写作能力，比如总结他人的研究，解释文本的内容，或撰写资料分析结果，学生的作业在篇幅上的要求是有所缩小的。

在第二章到第五章中，你将看到图 1.2 的一些变体。这个图的目的是让你熟悉常见写作任务的结构。x 轴表示获取资料的方式。"实证的/批判的"轴对应的是任务是否需要一手资料（收集

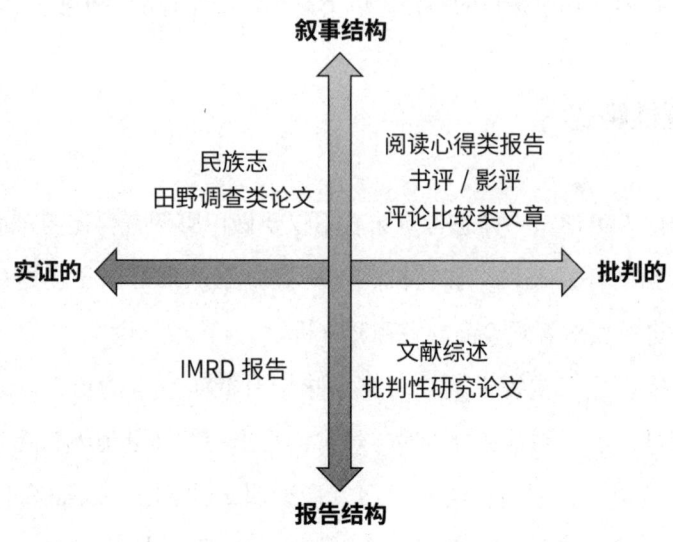

图 1.2　由结构和获取数据方法归纳的人类学写作常见类型

的第一手数据）或二手资料（使用其他人收集和解释过的研究）。相反，y 轴表示最终写好的作品的样貌。专业的人类学家一眼就能看出这些坐标轴代表着不同的理论。该坐标轴的"叙事结构"

（narrative structure）一端倾向主观性、解释性和后现代方法，而"报告结构"（report structure）一端倾向客观性、实证主义和古典方法。本书讨论的写作类型都分布在这些轴线上。

人类学写作的要求

本书下面的几章将详细介绍针对特定类型写作作业的策略，不过你首先应该知晓人类学写作的一些总体要求，这些要求根植于该学科的核心价值。在很大程度上，正是这些要求使得人类学写作有别于其他课程的写作。以下是你需要牢记的6个要求。

批判性距离

像人类学家一样思考意味着不仅要做田野调查，还要对世界持恰当的怀疑态度。保持批判性距离就是从自己的立场退后一步，进行相对客观冷静的解释和分析。

换言之，重视批判性距离意味着有敢于直言的勇气。人类学家进行田野调查和分析时，经常会得出一些让其他人感受到威胁的结论。在《当社会科学尽其职责时》（"When Social Science is Doing Its Job"）一文中，托马斯·J. 佩蒂格鲁（Thomas J. Pettigrew）解释道：

> 指出社会困境和意外后果通常意味着提出关于社会的负面反馈，对社会科学家自己所处的社会采取一种批

判性立场，做坏消息的传递者，这自然让社会科学家成为不受欢迎的人。有时，这需要拥有像 17 世纪的马萨诸塞州塞勒姆镇那位居民一样的勇气，在猎巫运动甚嚣尘上之时，他公开质疑女巫的存在。有些人甚至认为这种对国民的批判是"非美国式的"（un-American）。然而，即使提出的观点被忽视，提出观点的科学家被辱骂，作出负面反馈仍然是社会科学家的专业职责。[11]

做一名人类学家，需要有提出不受欢迎、不合时宜的问题的求真精神和把这些问题公之于众的勇气。作为一名学生，你可能不想肩负重大的使命，但你会发现，与众不同、不合常规地思考和探究新思想，即使得出的观点不是人们所熟知和习惯的，而是令人尴尬、不受欢迎的，也会让你收获颇丰。甚至，当班上的大多数同学与你在某个文本的理解上持相反的观点时，只要你说出你自己的见解，便体现出一种健康的批判性距离。在写作时，请牢记这一点。

介　入

　　介入（*engagement*）[①]是当今人类学的一个关键词。介入看起

[①] engaged anthropology 作为人类学的一个新兴分支，兴起于 21 世纪初期。目前在学科话语实践中，engaged anthropology 被使用得越来越频繁，大有涵纳人类学应用取向的趋势。有学者将 engaged anthropology 翻译成"投身人类学"，或者叫"热人类学"，区别于之前的"disengaged anthropology"，相对应地翻译成"抽身人类学"或"冷人类学"。本译文采用富晓星对 engagement 的译法，即"介入"，她指出，（接下页

来与抽离（*distance*）几乎截然相反，但介入一种文化或社区中是理解和分析它的基本方法，特别是对文化人类学家来说。

如果你看过人类学那些课程的教学大纲，你可能会注意到它们在课程目标上的相似之处：

> ……挑战关于……的既往观念
> ……思考全球和当地的情况……
> ……用不同的视角来评估信息……
> ……增进对人性的理解……
> ……从事学术研究……
> ……讨论文化如何影响观念和行为……

"介入"未必出现于每个教学大纲中，但事实上，你会被要求进入这个领域的思维习惯、批判性方法，并被邀请介入这个领域正在开展的学术对话中。在本书中，我使用"介入"一词时，既是在这个意义上，也是在更为广泛的智识意义上，即用之来命名那些成功地增进了人类学学者或学生的理解的有价值的互动。由此可见，通过研究表明对某个问题的立场就是介入。主动地、批判性地解读艺术、电影或田野笔记是一种介入，提出自己的问题，并找到回答这些问题的方法也是一种介入。

（接上页）介入人类学并非仅仅指涉人类学的应用取向，而是更强调聚焦于日常生活，在批判中行动；人类学家强调和报道人的分享与合作，并帮助他们解决实际的生活问题。介入者具有双重身份：其一，他是研究者；其二，他是行动者。参见：富晓星.2023.《从行动到行动民族志》.北京：社会科学文献出版社。——译者注

美国人类学协会将介入人类学更具体地与行动主义联系起来:"介入人类学致力于支持从社会目标与人类学研究的互动中产生的社会变革尝试。"就把人类学的研究方法应用于追求社会正义,贝克(Sam Beck)和梅达(Carl A.Maida)[12]给出了更为充分的证明:

> 人类学家一直扮演着文化解码者的角色,探索那些文化迥异而且似乎难以被社会大众了解或理解的内容,因此,对人类学家来说,发挥更大的实际作用就至关重要。我们必须参与到引发和实现变革之中。我们必须致力于保护弱势群体免受压迫和剥削,支持社区赋权以改善民生福祉。受传统束缚的人类学家难以胜任这一角色,然而,介入的立场将人类学的理论、方法和实践进一步推向行动和行动主义。与此同时,通过逐渐成为我们所研究的社区或社会群体的一分子,介入使人类学家从传统形式的参与式观察(participant observation)转向参与性作用(participatory role)。

一些图书的书名,比如贝克和梅达[12]所著的《迈向介入人类学》(*Toward Engaged Anthropology*),很多论文的标题[13],一些提供研究资金的机构的名称,比如"介入人类学基金"(Engaged Anthropology Grant),都突出了"介入"这个词,甚至还有一个名为"介入(Engagement)"的博客,它致力于人类学与环境问题的交叉研究。

反身性

反身性（Reflexivity）是一种自我参照的过程，是"研究成果受到研究人员和研究过程影响的方式"[14]。反身性的概念发展于20世纪六七十年代，并在最近几十年变得更加重要。[15] 反身性是对民族志先前的写作格式的"修正"，"在那种格式中，事实材料是由一个无所不知但又隐形的写作叙述者（author-narrator）呈现的，其田野调查和资料收集方法并不总是明示出来，他没有说明自身的存在对别人的影响，更没有说明别人可能对他产生的各种影响"[16]。

现下，表达反身性写作的方式有许多种。旺达·皮劳（Wanda Pillow）[17] 指出了当今反身性用法的四个常见趋势：（1）作为认知自我的反身性；（2）作为识别他者（other）的反身性；（3）作为真实（truth）的反身性；（4）作为超越性（transcendence）的反身性。反身性应该贯穿于人类学家与人类学学生运用研究方法和传播他们的发现的整个过程。[18]

文化相对论

文化相对论（cultural relativism）的内涵是，人类的信仰和行为应该通过具体的文化标准来理解，而不是通过分析者的文化来理解。公众中有些人可能会说某种文化是"原始的"（primitive），但人类学家对这个词所隐含的复杂的殖民意味保持警觉，尤其是因为人类学家自己以前也使用过这个词。人类学家不会把自己的田野报道人称为"研究对象"(subjects),因为"研究对象"这个词会对他们进行非人化。同样,人类学家也对种族中心主义(ethnocentrism)非常敏感,这是一种用自己的文化标准来评价他人的行为。例如,下面这句话就违反了文化相对论的原则:"尽管我们的文化比其他许多文化都更具智慧,但显而易见,我们的文化是非常浪费的。"这句话是种族中心主义的,因为作者假设他的文化比其他的文化"更具智慧",而且他所指的"我们"究竟是谁并不明确。学生们常常用代词"我们"(we)和"我们的"(our)来指代他们自己的文化背景,而没有考虑到他们的读者的文化背景可能与他们相异。其他应该引起关注的词还有"怪异的"(weird)、"正常的"(normal)、"传统的"(traditional)等,因为这些词传递了评判或控诉的意涵。行为正常与否是按照谁的标准而定的?我们谈论的到底是谁的传统?

人类学教师往往在入门课程刚开始时强调文化相对论,因为我们希望学生明白,他们在生活中可能会遇到与他们的世界观相悖的事情。我们对本质主义(essentialism)观点很敏感,该观点认为一种文化或一个民族是由一系列不变的、固定的特征组成的。本质主义是"人类学所犯的长期困扰人们的观念性过错之一"[19],因为"本质主义的这个主张——一个人一旦成为人,就会有一套固定的特征——不受欢迎,特别是在社会科学家中不得人心。社会科学家们一贯主张人的身份是由文化、社会和个体建构的"[20]。文化相对论、种族中心主义和本质主义可能看起来像是抽象的哲学概念,但你越了解它们,你在选择要做的研究时就会越小心谨慎、深思熟虑,也越不会写出那些惹怒人类学家的常见措辞。

情境 / 历史

人类学家重视长期记忆，他们认为时间和文化一样，都是相对的：例如，当你看着智人（Homo sapiens）存在的最早证据，你会发现2000年前并非那么久远，因为智人的存在可追溯到20万年前。[21] 同样地，写一件事发生在"很久以前"，对于人类学来说不够精确。优秀的人类学家能够将较小的细节作为更广泛的宏观模式的一部分加以识别和解释。

展现历史需要做适当的背景研究。所有人类学研究都是**情境化的**（contextualized）；换句话说，你应该把具体的研究问题放在更广阔的背景下，把你的问题与其他相关的时间线、观点以及研究问题联系起来。例如，"仪式行为发生在许多情境中"这句话，如果后面没有详细说明特定仪式化行为发生的情境和时间，就没什么用。

描 述

某些领域的教授会警告你不要在学术写作中使用太多的描述，因为他们认为这是在凑字数，或者是糟糕地用之代替分析。然而，人类学家认为描述与分析是相辅相成的。事实上，大多数人类学作品都试图描述一些人类问题。如果这些问题发生在过去，那么描述的目标是根据保留下来的标本、化石和人工制品重现过

表 1.1 浅描与更好 / 更深的描述

浅描	诊断	更好 / 更深的描述
"研究我的垃圾的人将能够发现我的生活的不同侧面。"	提供一些例子。考古学家会用什么标准来研究垃圾中的材料？他们如何确定这些物品的原始用途？发现的物品是由什么制成的？这些物品如何匹配于你生活的不同方面？	"研究我的垃圾的人将能够发现我的生活的不同侧面。有了足够多的垃圾，比如咖啡粉和我最喜欢的垃圾食品的包装，我确信可以得出一些模式。我每天经常使用的一些物品，比如我的电脑，最终不会被扔进垃圾桶，因为它是一种比食物更耐用的产品，还因为它的妥善处理方式不是扔进垃圾桶。如果只看我的垃圾，考古学家无法完全准确地了解我的日常生活。"
"访谈是很简短的。"	太模糊了。什么算"简短的"？在访谈前、中、后期发生了什么事情使得访谈的时间非常短？	"这个访谈只持续了 10 分钟，因为受访者迟到了，而且说他必须提前离开。其他的访谈持续了大约 30 分钟，所以这次访谈只持续了三分之一的时间。在 10 个问题中，受访者采用是 / 否的形式回答了其中 8 个问题。他经常看表，并且只有当采访者追问时，他才会进一步阐述。"

17　去的生活和行为。如果这些问题发生在当下，如纽约市的健康差异（health disparities），描述的目标则是展现当下的生活经验。

如果你使用的是一手资料，你如何公正地对待人们在访谈或调查中告诉你的信息？你应该如何呈现这些资料？格尔茨[22]希望我们坚持"深描"（thick description），深描的要求是分享具体、独特的故事，其中要有生动的细节——是要**展现**（showing）而非仅仅**讲述**（telling）。简单地说，就是你的人类学论文可能会比其他许多课程的论文包含更多细致入微的描述（尽管单靠描述无法完成人类学论文，而无端冗长的、与指导目的脱节的描述也不可以）。之后学生范文中的描述程度，如果在其他学科中可能是偏多的，但在人类学中，"更好/更深的描述"（Better/Thicker Description）才是标准的。

随着你成为一名人类学写作者，你会越来越适应这个领域对这六种核心价值和实践的专业要求。你还会发现自己的关注点在逐渐增多，比如你开始关注到结构、冲突、权力、不平等和能动性等要素。

第二章

撰写评论文章、心得报告和书评、影评

WRITING CRITIQUES, RESPONSE PAPERS, AND BOOK/FILM REVIEWS

18　　　要严肃对待写作，同时也要相信你的文字会影响你的读者，因为这是真的。

——威廉·杰尔马诺（William Germano），
库珀大学人文学院院长

　　如果你曾经在网上发表过对某餐馆、酒店或图书的点评，或者参加过对他人的表演进行评价的调查，那么实际上你已经参与过评论，也就是说，你对他人所做的工作予以过解读与评判。如今，线上评论比比皆是，而且它们切切实实地影响着读者的观点。但是，回想一下我们更加重视什么样的评论，一定不是那种随意的打分或抱怨（比如"我非常不喜欢这个酒店的房间！"），而往往是那种给观点提供证据的话（类似"这家酒店的豪华大床，其实就是两张双人床拼在一起而已"）。具备批判性是很重要的，但提出证据来支持评论也非常关键。

　　本章给出了一些撰写评论文章，包括比较/对比文章（compare/contrast papers）、心得报告（response papers）和书评、影评的方法。这几类作业在方向上是批判性的，在结构上是叙述性的。它们的篇幅比文献综述和研究性论文要短，通常用来训练写作、锻炼写作技能，为将来写篇幅更长的论文打基础。评论文章、心得报告、书评、影评还可以用来测试你可能想在日后的正式文章中展开论述的观点。

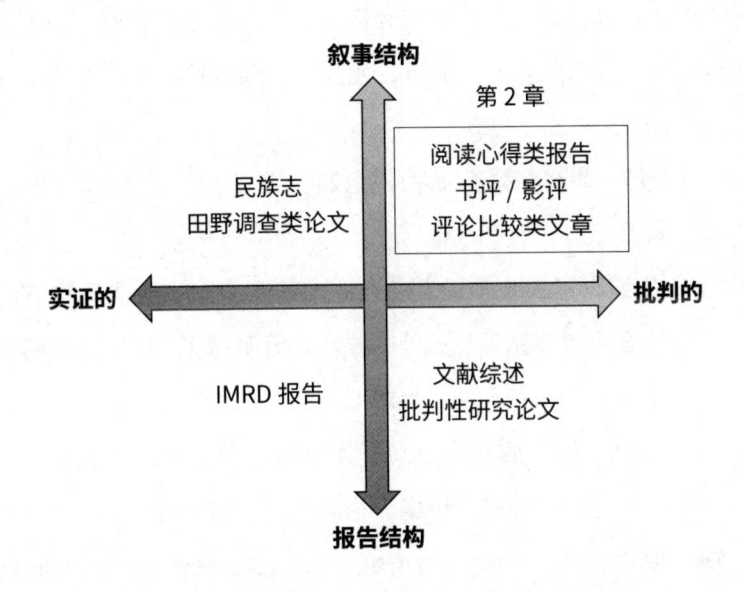

```
                    叙事结构
                      ↑
                      │      第 2 章
                      │   ┌─────────────────┐
              民族志    │   │ 阅读心得类报告   │
           田野调查类论文 │   │ 书评／影评       │
                      │   │ 评论比较类文章   │
                      │   └─────────────────┘
     实证的 ←──────────┼──────────→ 批判的
                      │
                      │   文献综述
               IMRD 报告 │   批判性研究论文
                      │
                      ↓
                    报告结构
```

图 2.1　评论文章、心得报告和书评、影评的写作结构和方法

这些写作作业要求你对二手资料（secondary information）予以评估、分析、比较／对比、解释和阐明，进而得出自身对其的结论，这些对写作来说都是必要的思维习惯。这类文章可能会有篇幅的限制，所以除了本章所提供的建议，你在写作时也需要向老师寻求指引。

评论文章

评论文章是一种对批判性思维的锻炼，在写作时你需要对资料的优缺点进行评估。你应当分析判断作者提出的观点，而不是欣然接受。这项工作并非易事，尤其对于初涉这类写作的新手而言，可能令人望而生畏。

以下是一些写好评论文章的建议：

- **总结**原来的文本、文章或图书的内容时，要明确作者的**主要观点**和**意图**。此处的技巧是简明扼要；如果文章的一半以上（或某页的一半以上）都是总结，可能就太多了。
- 将论点**细分**成几个更易于评论的小的要素，例如基本假设、方法、前提、论据、论证方式、结论等。
- **明确**这些小项背后的逻辑关系，尽管我们通常讨论的只是其中的一个或几个要素。一个比较好的做法是：向读者表明你了解所有的可能性，但选择了聚焦其中一个或几个要素进行深度探究。例如这样表述，"琼斯在文章中主要做了X、Y和Z几个方面的工作，我的评论文章主要针对他的研究方法［或他的基本观点/论证部分/结论部分/……］展开探讨，原因是……"
- 如果你被要求写一篇更为全面的评论，那就**解释**各个主要要素之间如何关联，以及一个要素如何奠基于前一个要素（或者解释各个要素之间应该有怎样的关联但作者没有建立这种关联）。

- 以探讨你的评论的意义、影响来**结尾**。

写出一篇优秀的评论文章意味着：你能准确地理解原文，并在此基础上进行总结、分析（将其分解为若干部分并看看你获得了什么信息），进而，当你试着用自己的语言重建它们的时候，可以判断出不同部分之间如何相互关联。作者所依据的假设是什么？这个理论基于什么假设？是否有任何错误的假设或逻辑缺陷？

以下是一位研一学生写的短评：

马文·哈里斯（Marvin Harris）在他的文章《印度圣牛的文化生态学》（"The Cultural Ecology of India's Sacred Cattle"）中，利用历史解释和实证归纳的方法，指出印度对牛的崇拜源于生态学，而非印度教神学。为了运用这些解释，他作出了几个假设。首先，他假定自己可以在没有去过印度的情况下对此进行分析，把他的论点建立在已有文献的基础上。哈里斯还假设人类会作出改善自我生活的选择。他认为，"牛与人之间的关系更有可能是共生的，而不是竞争。这种关系可能是强大的进化压力作用于人类和牛群的结果"。在印度社会，牛承担着一种有用动物的角色。	第一段介绍研究、作者、假设，以及主要论点。

在描述"二战"期间的粮食危机如何导致牛的屠宰增加并威胁到不杀生教义（the doctrine of ahimsa）时，哈里斯使用了历史解释的方法。当时的这一趋势也导致了反屠宰立法（anti-slaughter legislation）。哈里斯的历史解释强化了他的实证归纳，因为它描述了一个特定的时间线，即当时是生态的变化对不杀生教义造成了威胁，而不是宗教信仰的变化。

> 第二段描述作者所使用的解释路径并对其内容进行说明。

这些假设构成了实证归纳的基础，即牛的神圣性源于它们在特定生态系统中的用途，而非宗教信仰。哈里斯指出，"当地对屠牛和食牛禁忌的遵守程度反映了生态压力的强大力量，而不是不杀生教义的力量；换言之，不杀生教义因其同时给予人与动物物质上的回报，获得力量和维持"。在实证归纳中，因变量是自变量的函数。哈里斯指出，对牛的崇拜是生态影响的结果。哈里斯的这篇文章在实证归纳上很出色，因为它不仅设置了明确的变量来回答为什么印度存在牛崇拜的问题，而且还构建了一个可验证的假设。

> 第三段重组这些假设和解释的片段，并对作者提出的假设及其有效性予以评价。

比较/对比文章（compare / contrast paper）是对两篇或多篇资料的评论。比较/对比这种形式通常用于要求写短篇习作的课后测试。此类任务要求在符合评论文章写作要求的基础上，对两种资料来源展开比较分析。如果你正在写一篇比较/对比文章，并且在其中你需要比较两种理论或两篇研究文章，可以按照以下的过程来展开。

拟定"材料单"

用一半篇幅阐明第一篇文章的组成结构：该文的假设、理论、方法、发现和结论。用另一半篇幅列出第二篇文章的组成结构。这样一来，你在写比较/对比文章时就可以做到条理分明，作出有意义的比较。如果你的任务是分析哪一篇文章更科学合理，那么一定要尽早明确陈述你的观点，并且在结尾处解释如何从你的主要论点得出这个结论，重申你的观点。

组织草稿时要具有读者意识

在你的引言部分，先简要地概述每篇文章的内容，然后陈述自己的主论点。你的主论点不应该出现类似"两篇文章之间有同有异"，或者"这两篇论文有许多显著的相似点和不同点"这样的话。因为两篇文章间存在异同是不言而喻的。写作的目的恰恰是去探究它们的异同。故而，应该去思考：

- 你能找出一些相似之处（或不同之处）来作为你的文章的框架吗？
- 它们各自的优点与不足是什么？
- 通过比较作者们提出的观点，能发现什么？

如果作业要求你言明关于两个作品哪个更胜一筹，那么你的立场就是你的论点陈述。

在写作中要遵循比较／对比的逻辑

写比较文章时，你有两个选择：

- 先陈述所有的相同点，再陈述所有的不同点（比如，相同点1、相同点2、相同点3、相同点4、不同点1、不同点2、不同点3、不同点4）。假设你要分析两篇研究文章，你可以逐节比较它们的研究角度、方法、发现和意义。
- 依次陈述出每个论点的相同之处和不同之处（比如，相同点1、不同点1、相同点2、不同点2、相同点3、不同点3、相同点4、不同点4）。这种逐点分析的方法难度更大一些。为什么呢？因为每个论点都需要分别在两篇文章中找到对应的相似之处才能进行比较，而要找到这样的相似之处实属不易。

以探讨意义来结尾

比较/对比文章真正的学术价值，并不在于仅仅归纳出相同点和不同点，而在于探究这些异同背后的潜在意义。在人类学的写作中，"那又怎样？""所以？"（so what?）是一个很关键的要素，是结论部分必不可少的内容。

心得报告

心得报告与评论文章有许多共通之处。你仍然需要明确指出作者的主要观点，陈述你对这些观点的看法，从文本中找出支持你的观点的例子。但心得报告的灵活性要大一些，你在叙述时可以表现得更个性化。

表面上，教师关注的是你的阅读状况，但实质上，他们更期望了解你能作为批判性思考者给学术对话带来何种贡献。正如写作研究者约瑟夫·哈里斯（Joseph Harris）所言，学术写作"与其说是对所引用文本的回应，不如说是对其中段落和观点的推进"。你不应试图得出一个确定的答案来终结正在进行的争论，而是要进入众多观点并提出自己的见解，以此推动对话的深入。

心得报告是什么样子呢？在一些课程中，它可能是个100字左右的博客帖子。在另一些课程中，它可能是一篇三页纸的论文，有引言、论点陈述以及结论。

一篇优秀的心得报告应该：

- 避免仅做概括总结。
- 真实地表达自己的阅读感受,哪怕这些感受是负面的。
- 绝不是纯粹个人化的。
- 展示你在阅读过程中的兴趣点,对文本内容的理解,你如何运用文本中的抽象概念,以及你能在文本内部或不同的文本之间发现什么样的联系。

最终,老师们期望看到的,是你真实的、经过深思熟虑的观点,以及你在分析思考上的投入和付出。

在写心得报告时,可以遵循以下步骤:

思考文章带给你的心得感悟

在某种意义上,心得报告,或称"读后感"(reaction paper),实际上是表达自己的看法。首先,你需要关注文本的整体风格以及你作为读者的阅读感受。这里有三种可能的方向:

- 阅读文本带给你的情感或心境
- 作者写作的语言风格
- 文本本身的质量

语言风格,或者说笔调、口吻(tone),体现了作者对主题、受众或所描写人物的态度。初学者在学习入门课程时,可能会通过阅读选集中收录的各类作品,从而接触到不同的作者、多样的风格以及各种主题,等等。需要注意的是,并非所有作者都会以完全相同的风格写作,他们选择以何种风格写作往往是经过深思熟虑的,作为读者,你应该对其有所识别。第三种可能的方向是用明确的写作标准来衡量文本的质量。

1. 你的情感反应。下面是学生们在心得报告中用来表达自己的情感反应的一些形容词:

积极的情感反应	消极的情感反应
惊奇的 amazed	焦虑的 anxious
令人着迷的 intrigued	沮丧的 frustrated
确定的 certain	难过的 upset
好奇的 curious	失望的 disappointed
充满热情的 motivated	令人担忧的 concerned

2. 作者的语言风格(口吻)。下面这些"口吻类词语(tone words)"并未按照"积极"与"消极"的分类排列,因为对其的解读取决于读者的视角。在大多数情况下,人类学家会给读者呈现出一种严肃的文风,但也并不总是如此。在学生们写阅读心得时,以下"口吻类词语"可供借鉴:

批判性的 critical	严肃的 serious
轻松愉快的 light-hearted	随意的 informal
乐观的 optimistic	愤怒的 angry
伤感的 sad	戏剧性的 dramatic

诙谐的 witty　　　　　　　　浮夸的 pompous

3. 文本的质量。在写阅读心得时，下面这些词可以用来表现对文本质量的反馈：

正面的反馈	负面的反馈
清晰明确的 clear	难以卒读的 difficult
时髦流行的 current	陈旧过时的 outdated
令人满意的 satisfying	令人失望的 dissatisfying
引人入胜的 engrossing	枯燥乏味的 boring
深思熟虑的 thoughtful	自相矛盾的 ambivalent

这些用于表达感受的词语需要你做进一步的解释，因为它们仅仅是向读者发出信号的"指示词"，看到这些"指示词"之后，读者会想："好的，接下来的段落应该会详细说明是什么引起了这种特殊的感受。"这时候仅仅写"作者描述的一系列事件让我紧张"是远远不够的。读者会不由自主地停下来并想："等等——哪些事件让你感到紧张？这些事件也会让我紧张吗？不清楚你紧张的缘由，这反而让我紧张起来……"

有重点地展开你的心得报告

在撰写心得报告时，要避免将你的叙述与普遍性话题联系到一起，而是紧密围绕阅读材料来展开。例如，可以采取如下的方式来展开你的文章：

- 直接引用原文。
- 用一个表现争论的句子来突出冲突，例如："许多人认为X，然而在我看来，作者的观点与之相反……"
- 在文章的开头或结尾提出问题，例如，"在阅读了这篇关于包办婚姻的论文后，我在想，'我认识的人中，有没有包办婚姻的情况呢？'"

在这种简短又启发思考的习作中，引言部分的主要目标有二：（1）概括原文内容；（2）归纳你的论点／分析／反思。老师期望能从中看出你进行了细致阅读和深入思考，因此一些概括和归纳是必要的。尽管一些学生尝试在引言部分进行概括和归纳，然而，他们最终往往表现得过于面面俱到。比起面面俱到，你更应该突出具体的重点。一般来说，要在文章的第一段用三到四句话来总结你的观点。

为了呈现你重点分析的内容，或者支撑你的观点，大多数心得报告至少需要一处直接引用。

以分析来架构你的心得报告

以下是几个较为典型的分析步骤：

- 梳理文本的一个主题（过于明显、毋庸赘言的主题除外），并展示其发展脉络。
- 集中剖析一个关键概念。

- 针对文章中含混不清、存在争议、模棱两可或是令人怀疑之处，向作者提出疑问。
- 展现作品的各个要素之间是如何相互关联的（毕竟，"分析"一词在词义上有"化整为零"或"拆解"的含义）。
- 找出文本不同要素间自相矛盾或逻辑冲突的地方。
- 提出一个作者未曾探讨的问题。
- 将作者的观点置于新的情境中进行分析。
- 揭示并解析文章中作者未曾明确论述的潜在假设。例如，"当克莱尔·斯特克在她的著作中使用宗教术语'堕落女性'来描述从事卖淫的女性时，这并非她个人的观点，而是社会工作者、警察、皮条客和顾客的看法，他们认为这些女性因从事不道德的行为而堕落"。
- 将阅读材料与其他课程中的资料或概念联系起来。注意：这样做时应确保不同材料与概念之间存在明确的联系。否则，若强行将其关联，不仅会让人质疑你的阅读能力，更有甚者，会让人误认为你用旧的作业来敷衍新的任务。

将个人感悟与分析相结合

你可以通过以下几种修辞策略来将个人感悟与分析结合起来：

- 将文本与你自己生活中的某个经历联系起来。例如："作者关于异族通婚的描述，让我想起我自己的家庭……"
- 表明自己对文本的一个情感反应，对之作出回应。例如，

"作者对某些内容的省略让我感到意犹未尽……"
- 将文本与课堂上的相关讨论联系起来。例如,"格梅尔希在《棒球魔法》中对'魔法'一词的使用,与我们课堂上关于迷信的讨论相关……"

记住,你的任务并非通过总结或陈述无可争辩的事实,来证明你阅读了给你的文本。相反,你的任务是拓展、激发对话。正如本章的引言所说的,你的任务是要有挑动性,是要改变读者的观点,或者至少帮助他们发现新的视角和关联。

下面是阅读理查德·李(Richard Lee)的《在卡拉哈里吃圣诞大餐》("Eating Christmas in the Kalahari")一文后的心得报告的最后两段:

文章的风格发生了变化,由正式、严肃的风格转向故事风格,出现了情节、背景、"人物",而这些都是故事的要素。李在文章结尾学到的教训,通过在讲述故事中呈现的道理反映出来,这一点对我影响很大。故事的情节与文章的风格似乎珠联璧合。李了解到,无论是谁完成了猎杀,昆布须曼人(Kung Bushmen)都会对其进行嘲弄,借此来扼杀他的自满和骄傲情绪:"是的,当一名年轻人猎杀众多猎物时,他便会自诩为首领或大人物,并将我们其他

> 可取之处:该学生指出了人类学家的写作风格是叙事,作者本身也是其中的主角之一。该学生还解释了作为读者,这种叙述风格如何对她产生影响。

> 可取之处:该学生在概述中插入引语,以说明自己的观点。

人皆视为其仆人或下属。对此我们感到难以接受。"这种做法旨在维护部落内部的平衡与团结。李在因为买了被形容为"一堆骨头"的一头牛而一再遭到嘲弄之后，第一次发现了这一习俗。他不明白为何自己的牛会这么不招人待见，这让他很沮丧。直至故事结尾，他才得知这是部落的传统习俗。李在文章开篇所展示的知识并未提及此事。通过这个故事，我领悟到即使是专家也有所短，需要不断学习，而且文章的叙事方式也强调了这一点。

如果李不是以故事的形式写这篇文章，而是以文章开头那样复述事实的形式，我认为文章就不会这么有趣了。我真的很感兴趣，因为我想知道这头牛哪里出了问题。我从这篇文章中收获颇多，这是重点。

> 不足之处：这个学生最后的那个句子用了一种含混不清的方式结尾，而不是用一种更明确具体的方式。最后的短句"这是重点"是画蛇添足，完全没有必要。

> 平庸之处：该学生在两个相邻的句子中用了"有趣""感兴趣"，有点重复。"有趣"一词缺少解释，所以空洞无意义。

书评、影评

评介他人的作品，包括著作、文章、电影，甚至是展览，对职业人类学家是一种常规工作。通过评介他人作品，他们能够及时了解他人的最新成果,掌握领域的研究方向,并评估彼此的研究。在课堂上,老师可能会让你在学术期刊上选择一篇同行评议的文章,写一篇关于它的评论文章。有时一些专业人类学家可能被共同邀请评介几本著作或几部电影,这种集体评介要求他们在统一的主题中进行。

评论文章也是学术期刊中的常见板块,它们要么有特别的标题,要么以所评介作品的名字为标题。如果你想找撰写此类文章的模板,可以去参考《美国人类学家》(American Anthropologist)期刊中的评介板块,或者人类学评介数据库(Anthropology Review Database),在那里你可以读到专业人士对专业人士作品的评价。

书评文章、影评文章是一种提炼信息的训练,因为你需要将整本书或整部电影提炼成1000字左右的评介。在评介书籍或电影时,你应该就这本书或这部电影最适合什么读者或观众给出你的意见。

一篇优秀的书评、影评往往具备以下特点:

- 对作者的核心观点进行简要概括,但概括部分不应占据过多篇幅。
- 将书籍或电影置于特定情境中,包括:其历史背景、目标受众、与同类型作品相关的意义。
- 指出书籍或电影的优点与缺点。
- 揭示作品的基本假设、显著特征、意义影响或其他有趣之处。

> **书评、影评，评论文章，心得报告有什么区别？**
>
> 书评、影评与评论文章相比，更富有个人色彩，它们提供了更多表达个人感受的空间，但个性化程度要小于心得报告。在心得报告中，作者会带领读者感受自己的阅读之旅，就好像一起在花园中散步；指出一些细节，讲述是什么激发了作者以及为什么会激发作者。如果我们同样以花园作比喻，书评、影评的作者先将花园仅仅作为一个整体来审视，试图探究这个花园服务于什么目的，建造这个花园的人在多大程度上实现了这个目的。随后，作者才会聚焦于具体细节，分析花园建造者在细节处理上的成功或失败。"成功/失败"的评价也会出现在心得报告中，因为一个文本所唤起的情感往往源于作者表达自己观点的能力有多强。而在书评、影评文章中，所评论的作品是根据人类学的专业标准来衡量的。

32　　我们在写书评、影评文章时，可以试着按照以下步骤进行：

撰写生动的引言

下面这段文字选自米里亚姆·李·卡普罗（Miriam Lee Kaprow）撰写的一篇书评文章，评论的是玛丽·道格拉斯（Mary Douglas）、艾伦·维尔达夫斯基（Aaron Wildavsky）的著作《风险与文化：论技术危险与环境危险的选择》（*Risk and Culture: An Essay on the Selection of Technological and Environmental Dangers*）。

开头的几个句子就很生动,一下子抓住了读者:

> 我们生活在一个被恐惧包围的世界。道格拉斯和维尔达夫斯基说,美国人所害怕的是"没有别的,除了他们吃的食物、饮用的水源、呼吸的空气、居住其上的土地,以及使用的能源……"他们准确地洞察到,尽管在美国和其他工业化国家,人们的健康状况持续改善,但在过去的15年至20年间,这种恐惧感还是快速增加。此外,他们进一步指出,我们往往会挑选恐惧与噩梦,因为每个社会会挑选自己面临的几种危险,而对其他大量的危险视而不见。

> 卡普罗评论的这本书的主题是恐惧和风险,因此,与那些讨论平凡普通话题的人相比,她更容易使读者感到震撼。而她旨在表达,所有社会都有恐惧感,但人们害怕的东西不尽相同。卡普罗单独挑出美国人为例,是因为两位作者的那本书就是这样做的——那句诙谐的直接引语以简洁的方式将读者带入书评中。

如果你用词语创造出一些心理图像,生动的画面感将有助于读者的理解。记住,读者阅读的是你的评介文章,而非原文本。仅仅通过一个词——"准确地",你就知道卡普罗同意作者的观点,同时由于她在最后一句话中使用了"我们"一词,所以你可以获知她是美国人。

以下选文摘录自一位学生对《今日人类学》(*Anthropology Today*)期刊上的一篇文章的评论:

33　　尽管许多人类学家和社会学家"用他们的专业技能参与到第一次世界大战,但是,是第二次世界大战使人类学的方法广泛应用于战争实践"(Price,2001)。绝大多数人类学家因爱国主义情怀和意识到纳粹对人类的威胁而加入战争。他们中许多人将其专业技能运用于国内宣传、政策分析、秘密任务等方面,并以人类学家的身份为秘密任务提供掩护。但另外一些人类学家对将人类学方法应用于战争及后来对所研究的文化的背叛表达了担忧。布莱斯(Price)运用这一历史分析,进一步探讨了目前军方将人类学应用于"反恐战争"的伦理问题。

　　在人类学家于第二次世界大战期间参与美国情报及战争机构的程度这一问题上,这篇文章提供了宝贵的资料。文章分析了一些人类学家在战争期间承担不同角色和任务的动机。同时,文章还阐述了他们的行动的积极和消极影响。与《作为间谍的人类学家》一文相似,这篇文章从历史角度揭示了人类学与军事/情报机构之间的关系。

> 可取之处:该学生以一个直接引语切入话题,这与卡普罗的写作技巧相似。接着,该学生总结了文章内容,指出人类学家们在作者所说的一个问题上的主要分歧,并总结了作品的优点。

评估作品

在评介著作/电影时，应指出作品的优点与不足，并用引文来支撑你的观点。许多学生在写评介时会担心自己是否做了太多负面评价，但很少有评论者会说某部作品毫无可取之处，所以你可以加入一些表扬。反之亦然，即使你非常欣赏某部作品，你仍然可以指出它的一些缺点：

> 尽管明确指出有一些问题还需要进一步展开讨论，又或者尽管在笔者看来，阿什福斯（Ashforth）的判断是有问题的，但这些并不影响这部作品的优秀程度。例如，在探讨政府对巫术恐惧和巫术指控可以采取的措施时，阿什福斯漏掉了一个更广泛的文献，尤其是关于西非的文献，那些文献本来应该对该研究颇有裨益。此外，他对将治疗师登记注册和将传统宗教纳入学校课程的可能性的评估也许过于悲观，如果对津巴布韦和赞比亚的情况做一点深入调查就会发现这一点。而且，尽管阿什福斯令人称道地在文献目录中收录了一些南非神学家的优秀作品，但他对教会在提供更大精神安全感方面的可能作用的分析却相当肤浅。

风格批注：文章中使用了"在笔者看来"这样的表达，而没有使用"我认为"，但这样显得较为冗余。在评论中可以偶尔使用"笔者"来增加表达的变化和丰富性，但相较之下，简单直接的"我认为"也许更好。

除指出著作/电影的优点与不足之外，还可以进行如下分析：

- 聚焦一个关键场景展开分析。要阐明该场景之所以"关键"的缘由，在分析中尽可能多地引述来自该场景的细节。
- 思考与权力相关的议题。例如，电影制作人如何应对拍摄者与被拍摄者之间既存的不平等关系？谁的观点占有优势？作为观众，你是否由于镜头的角度而被迫忽视了一些正在发生的现实？导演的哪些处理方式在观众与主题之间制造了距离，这样的处理是否合适？
- 倾听叙述者的声音。如果作品中有叙述者的话，他是不是全知者？叙述者的存在是不可或缺的吗？或者叙述者过于显著而喧宾夺主？叙事者的语气与电影中的动作相得益彰吗？叙述者更像是一位观察者，还是更像被观察的一方？
- 将本学期学习过的某个概念或重要术语运用到对该电影的评介中。
- 检视电影制作人在影片中所采取的处理方式。例如，两个镜头或场景的剪辑是否意在激发观众的情感共鸣或引发联想？这些处理如何与独特的人类学概念相对应？有没有哪部电影的处理方式与人类学概念相悖？
- 当你的写作卡住时，可以看看网络平台上关于这部电影的资讯。例如这部作品的投资者是谁？其发行状况如何？这些外部信息或许能帮助你发现电影中的潜在偏向。
- 引入作品之外的资料。是否有一些已发表的评论可以让

你引用到自己的文章中,并与你自己的观点进行比较和对比?[查阅"人类学资源"(Anthrosource)之类的数据库]
- 谁能从这部电影的制作和发行中获利?获得什么样的利益?

民族志影片的评论

民族志影片的历史与录影技术一样悠久。民族志影片由关注文化的电影人制作,其初衷是记录"原始人"和殖民主义。今天的电影人关注民族志电影的本质、民族志与电影之间的异同,以及他们能通过影片获得何种程度的真相。因此,电影是理解人类的重要媒介。事实上,正如卡尔·海德(Karl Heider)所言:"只有在拍摄之前对拍摄对象有了好的理解,才能拍摄出好的民族志影片。"当你要评论一部民族志影片时,除用本章介绍的方法之外,还需注意以下内容:

"表演出的"行为	视角
拍摄视角	全身镜头
编辑	声音(环境噪声)
民族志学者在影片中的存在	声音(配乐或音轨)
虚构的再现	拍摄对象对着镜头说话
叙述	字幕

在前面所讨论的所有类型的写作中，都不要仅仅概括文本内容，而是要将文本作为你自己的理解、观点和论点的跳板。也不要总结你前面所说的内容来作为文章的结尾——记住，在撰写这类篇幅较短的文章时，不要以总结来开头或收尾。相反，应该提出疑问、质疑，或者讨论你所提出的观点的潜在意义，或者设想读者可以如何循着你的思路展开进一步探究。

试着思考：

这部影片是否传达出人类学的核心价值观？如果有，具体是哪些？影片在何种程度上成功地表现了这些价值观？

影片的真实性体现在哪里，又存在哪些不真实之处？

导演的创作意图是什么？你如何推断出这些意图？这种创作意图与影片最终呈现的内容是否一致？一致或不一致的原因何在?

第三章

田野调查类作业指南

NAVIGATING FIELD-BASED
ASSIGNMENTS

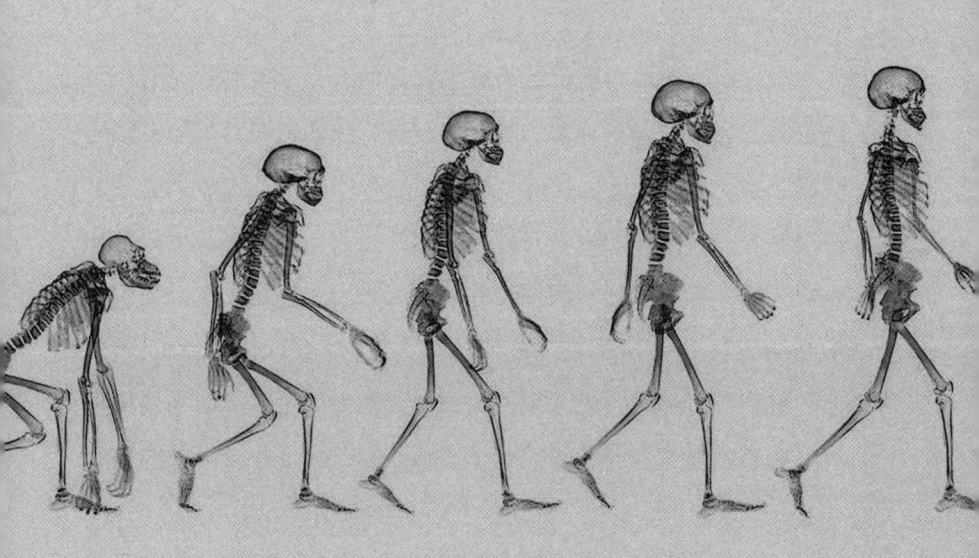

田野调查对调查者的要求很高，因为田野调查者得展现出人生所需要的所有优秀品质：耐心、耐力、活力、毅力、灵活性、适应性、同理心、宽容、全局观、创造力、幽默风趣、人情练达，以及知足常乐。假如把这些品质放在招聘广告中，你将永远找不到合适的拟聘人选。

——扬·布鲁马特（Jan Blommaert）、董洁（Dong Jie）

我有笔记！我还有引文！接下来我该怎么办？
——我的一个刚开始接触民族志调查的学生

啊，田野！你可能已经留意到，你的人类学老师谈论起田野调查时，会露出一种怀念和神往的神情。巴西人将这种感觉称为**萨乌达德**（saudade），意指一种强烈的怀旧之情。田野调查常常被描绘为一种浪漫的，具有异国情调的行为。田野调查可以是扣人心弦的，它胜过任何假期，并且令人难忘，这是由于人类学家不是游客。人类学家是"职业陌生人"（professional strangers），他们来到一个地方，进入别人的领地，然后用某种方法与周围人建立融洽的关系。他们在一个新的文化/环境/社会中寻求立足点,最终获得足够的信任,从而得以进入人们的家,结交朋友,并进行深入访谈。当然,你不一定非要为了做田野调查而远离家乡。

然而,田野调查中的际遇是难以预料的。即便尽最大努力坚守曾经指引过前辈们的实用策略和最佳伦理实践,人类学的学生们在他们的生涯中,也应尽早接受田野调查具有不可预测性这一事实。除了经历诸如恶劣天气和错过航班等后勤方面的不测之忧,人类学家还可能遭遇调查经费耗尽、已获得的调查许可忽然被撤销等各种各样的阻碍。田野中的日子会很艰难,那种感觉就像你正在接受人类学之神的考验。还有些日子则会相当无聊。但是,田野调查非常重要,它常被比作新手成为职业人类学家的成人礼。

有些人类学家只有在田野调查中才真正感到快乐,因为其中的一切都是实时发生的,它创造了一种完整的、全方位的体验。但刚接触田野调查的学生认为它是"尴尬的"或"让人焦虑的"——因为它确实是这样。走出传统学术工作的相对舒适区,进入田野,将引发研究者害羞甚至是恐惧的情绪。为什么会这样?人类学家迈克·阿加(Mike Agar)对此有着这样的思考:

> 你来了,手里拿着录音机,脸上挂着僵硬的笑容。你可能意识到你的笑容不知将会被如何解读,所以你不再笑,紧张地尝试摆出一个放松的姿势。然后你意识到你根本不知道别人是怎么看待你的。很快你就会像一个脱衣舞会上的精神病学家,让自己陷入动弹不得的尴尬境地——她知道她不能作出反应,但她也知道她不能毫

无反应。难怪有时人类学研究者会躲在旅馆的房间里读推理小说。

我曾经有一个学生,她在做田野调查作业前请求获得服用阿普唑仑[①](Xanax)的许可。当然,她是在开玩笑,但田野调查可能确实会令你感到脆弱,因为它把你带出了典型学术工作的舒适区。你在众目睽睽之下工作,所以你的一举一动是有目共睹的,尤其是当你在进行观察时,你可能会觉得你是在**监视**人们的日常

田野调查类任务的常见误区

1. 认为他们的成绩是依据"对"和"错"来评判,而非"文章是否提供了足够的细节,让读者了解到发生了什么,并对观察到的行为进行了分析?"

2. 认为所见即事实,而忽视了现象背后的解释路径的开放性。

3. 完全忘记了反身性——他们没有考虑自己的种种身份(比如他们的社会阶层、性别或种族)会如何影响认知,或者影响到别人对他们的态度。

4. 报告开头忽略了对背景的描述——"人物,事件,地点,时间",这些信息看似平淡无奇,但实际上相当重要。

---

① 阿普唑仑属于苯二氮䓬类药物,具有抗焦虑、抗抑郁、镇静、催眠、抗惊厥及肌肉松弛等作用。——译者注

行为活动。切记,你的田野调查参与者和你进行研究的社区是该项研究的利益相关方。正如机构审查委员会(Institutional Review Board,IRB)在描述人类参与者时所说的,田野调查对研究者和研究对象都会带来难以预料的结果和影响。不能在未获许可的情况下进行田野调查,不能在没有做伦理审查的情况下进行研究。对于田野调查的课堂作业,教师负责确保获得伦理审查委员会的批准,但对于有兴趣自己开展研究的学生而言,他们应该熟悉自己所在机构的伦理审查委员会。

但是,如何将田野调查素材转化为诸如文章和著作之类的书面成果呢?通过讲故事。正如乔治·E. 马库斯(George E. Marcus)在《田野调查今非昔比》(Fieldwork Is Not What it Used to Be)一书的引言中所说的,田野调查的故事"是人类学家向彼此揭示田野工作真实情况的媒介"。社会人类学家和文化人类学家的经典书面成果是**民族志**(ethnography),即对特定人群和文化的习俗的科学描述;ethnography 这个词的词源就是"人"(people)或"文化"(culture)与"写作"(writing)。

本章将深入浅出地解释基于田野调查类任务的写作,包括观察或参与观察习作,撰写基本的田野笔记和写短篇民族志。学生只要接受田野训练并应用本章讨论的各种原则,就能够拿出细节丰富、切合题旨、观察驱动的故事与读者分享。如果你看一下我们熟悉的人类学流派图表,你会发现民族志以及其他基于民族志和田野调查的写作,与本书中的其他类型的写作有所不同。

民族志是实证主义的,因为它仰赖一手原始资料的收集,但其书面作品的结构是叙事性的。例如,一项田野作业要求学生观

41　察杂货店的一个区域。一个学生选择在超市里认真地观察面包货架，因为他认为面包是一种"重要的食物"。他获得了几个发现。首先，他注意到人们在过道上会彼此保持距离。超市里超宽的过道可能促成了这一现象。其次，他惊讶地发现放置面包的过道里有玉米饼，他之所以感到惊讶是因为，正如他后来回忆的那样，"我不认为玉米饼是面包"。最后，他观察到人们在购物时一心多用，他看到一位女性边找面包边与她的孩子争吵。对于学生来说，这些作业培养了他们看待世界的新方式。

> "田野调查包含两件事。
>
> "首先，对民族志研究者来说起着调查工具的作用。就像调查问卷或焦点访谈小组的摄像机，民族志研究者自己收集所有资料。
>
> "其次，田野调查是一种象征性行动，田野调查者就像是'穿着被调查者的鞋'在活动。民族志研究者亲身前往一个目的地，抛下他所熟知、有时控制得了的事情，逐渐成为观察对象的世界的一员，特意选择遵循他们的规则，用他们的方式生活。这是在田野调查中与观察对象建立融洽关系的重要步骤。融洽的关系通常是定性研究的基础，尤其是对民族志研究而言。像调查对象那样生活，与他们建立融洽的关系，这是民族志田野调查区别于其他研究经验的两种活动，也是民族志在认知和情感上如此令人耗神、疲惫的缘由。"

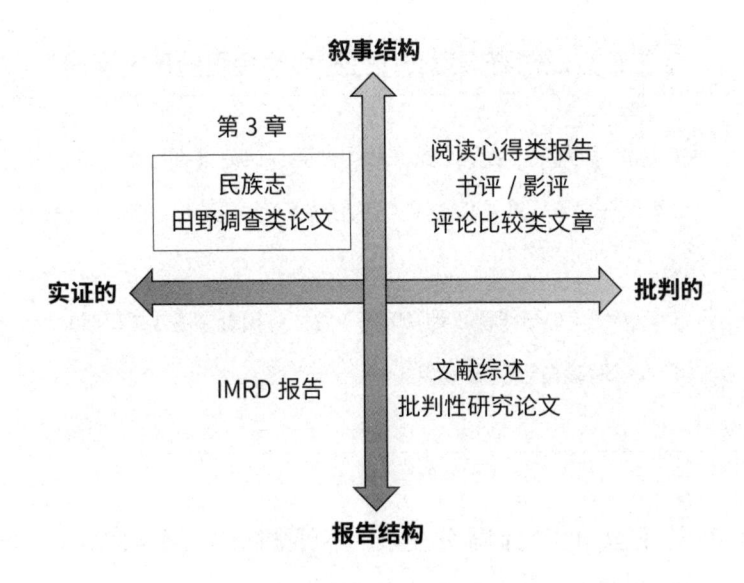

```
                    叙事结构
                      ↑
            第3章  │  阅读心得类报告
            民族志 │  书评/影评
         田野调查类论文│ 评论比较类文章
                      │
  实证的 ←──────────┼──────────→ 批判的
                      │
            IMRD 报告 │  文献综述
                      │  批判性研究论文
                      ↓
                    报告结构
```

图 3.1　田野调查类写作的结构和方法

理解任务

老师布置田野调查任务的目的之一是帮助学生熟悉专业方法；目的之二是把学生"去中心化"（decenter），这也是成为一名具有反思精神和职业道德的实践者的一部分。

田野调查类任务包括但不限于：绘制地形图、拍摄日常环境、采访某人、观察某个事件，或记录某个场所（如职场、餐厅、博物馆或体育赛事）中的人类行为。所有这些作业都有着相同的潜在要求：通过描述你所观察到的事件来磨炼你的感知技能。一般来说，这些任务不仅需要记笔记，还需要对现象作出解释。

田野调查类任务可能看起来很简单，只需去到那里，观察，

> **43　学生在完成田野调查类作业时可能会犯的严重错误**
>
> 1. 过度乐观，低估了此类作业的难度，认为谁都可以完成。
> 2. 过于悲观，总是担心最坏的情况，甚至无法正常开展田野工作。
> 3. 认为使用电子设备（录音笔等）可以令田野调查效果事半功倍。
> 4. 难以明确自己的聚焦点。

做笔记，但实际上它们非常复杂，不可被低估。通常情况下，学生记的笔记要么太少，要么太多，这会让他们对如何开始接下来的分析和写作感到不知所措。所以，即使是短篇习作，你也必须有一个研究问题。虽然你可能需要初步的田野调查来帮助自己明确或完善研究问题，但你应该在开始系统地收集资料之前，就确定自己的研究问题。

处理资料

在收集资料之前，先考虑你会怎么处理那些资料：

- 你将如何组织、存储或检索资料？
- 如何保证参与者个人信息的安全？
- 如果是定量调查，数据库会是什么样子？
- 你将使用什么软件？你的项目需要软件吗？

- 变量将被如何命名？
- 你将如何组织这些资料？
- 如果你使用的是一对一的定性访谈，那么在将访谈内容转化为文本后，你将如何保留这些访谈记录？
- 文件应该如何命名？
- 你将怎样存储照片和田野笔记？

回答上面这些问题将有助于你制定策略，并选择一种可以用来组织你收集到的资料的技术。

切记：一些人类学家认为，除笔之外，你不应该使用其他科技来收集和分析资料。这些教授担心，你会让科技完成本应由你的大脑完成的工作。无论你是用程序来分析资料，还是仅仅用程序来推进研究的关键步骤，你的任务都是用自己的大脑认真解释资料，并将其转化为信息。当你对是否运用某个技术拿不准时，把你的问题告诉教授——实际上，最后是你教给了他一项新技术！总之，处理资料的底线是：你不能毫无章法。

进入田野

田野可以与你相隔万里，也可以近在咫尺；实际上，一些人类学家坚持做家乡的田野调查：

> 你会发现，你周围的邻居有着千差万别的志趣，在截然不同的地方购物，看截然不同的电视频道，甚至说

话时还带着你从未听过的口音。社会是由微观个体组合而成的,社会只是看起来是同质的。第二,作为一名田野工作者,你常常问出一些通常鲜有人关注的问题,常常在此时此地与彼时彼地之间建立起前人未曾发现的联系,常常将从来没有人质疑过的事情当作问题(也许正是因为从来如此,你才觉得有问题)。换句话说,你对社会现实有着非常与众不同的态度:不把任何事情视为理所当然的态度,将所有被认为是"正常的"事情视为可疑的、有趣的和值得调查的对象。(Blommaert and Jie, 2010, 41-42)

老师让你研究自己的家乡的一个原因是性价比:研究家乡后勤工作相对简单,既划算又方便。研究家乡也会有收获——记

完成"以人为对象"的研究

完成这些任务可能需要你或你的导师在进入该领域之前获得伦理审查委员会的批准。在某些情况下,你的导师可能已经获得批准让学生收集某些类型的资料,如一对一访谈。在其他情况下,你需要提交书面申请。关键是你的所作所为不要超出你被允许的范围。例如,如果你的任务只是观察公园里的人,那你就不应该去采访他们。访谈是一项单独的研究活动,需要伦理审查委员会根据知情同意、该研究的描述和参与该研究带来的利益或风险进行批示。故而

> 潜在参与者在决定是否加入该研究之前要知情——了解该项研究，常见做法是签署知情同意书。

住，民族志的工作是解释性的，你的任务是找到意义而非真相。这意味着你需要乐意接受偏见，这就是前面第一章中提到的反身性概念。

收集资料并做详细的笔记

资料收集可能包括拍照、绘图、音频/视频记录以及记文字笔记等内容。它也可能包括定量数据，定量数据在一定程度上确保了观察中的精确性，但由于时间、观察者效应、季节和空间效应等因素，也有出现偏差的风险。而且你的资料中可能会有无效信息，正如布鲁马特和董洁以及其他人类学家所说——没错，无效信息可能恰恰是问题所在。上面每种技术都有其显著的优点和局限性。

下面是各种你可以收集的资料：

故事	访谈
表格	笑话
备忘录，通知	地图
涂鸦	对话
报纸	会议纪要

在大多数情况下,最不引人注目的笔记记录方式是用铅笔和一个小笔记本。你不需要用高科技来记录笔记。科技是伟大的,但你不可能随时随地都使用它。例如,在诊所候诊室录像或拍照是违法的,因为这侵犯了人们的医疗隐私。

> **学生田野笔记中的常见问题**
>
> 1. 依赖记忆,而非记笔记来重现事件的顺序。
> 2. 收集了太多的细节——越多的细节意味着越多的分析!
> 3. 在细节上大费笔墨又不加以解释,读者看不出这些记录有何相干。
> 4. 有选择地忽视或省略一些信息(这事关准确性问题)。

如果你在写一个单独的事件,你会在短时间内做很多笔记。在事件开始前记录下你对它的期望,设想你认为事件将如何发生。即使你可能也实时参与这个事件并有互动,但还是要尽量做详细的笔记。你可以考虑从以下几点入手:

环境(Setting):描述进行观察的地点和空间。写"房间很拥挤"不如写"人们肩并肩站着,一个人很难在人群中从房间的一端挪到另一端"有用。

计时(Timing):如果你在调查中采用了有固定时间间隔的计时观察方法,可以用手表或手机记录时间。思考一下背景:在一天中的不同时间,你所观察的场所有何不同?

人体特征（Human physical characteristics）：尽你所能，描述你所观察的人的年龄、性别、身高、体形、种族或族群性以及衣着打扮。

物品（Objects）：描述你观察的人所使用的物品的呈现、排列和使用情况。这些人使用什么物品以及为什么使用它们？试着从理论上解释这些物品如何代表了其持有者更广泛的价值观和信仰。

语言的使用（Use of language）：仔细听观察对象们的对话，所说话的语境、音量和语气。尽可能准确地记录对话。注意讽刺和沉默以及其他类型的副语言（paralanguage），如音高、语速、停顿和叹气。

非语言的肢体动作（Nonverbal body movements）：观察人们之间的距离，他们的身体姿势和面部表情。这些动作和人们说的话是一致的还是矛盾的？不要大而化之，过于笼统地概括，比如记下"大多数人看起来都很开心"，相反，记录下人们实际在**做什么**。在田野笔记中，说每个人都穿着"色彩鲜艳的衣服"不如这样说更合适："女人们都穿着连衣裙，裙子大多是明亮的红色、黄色和蓝色；男人们穿着黑色的裤子和衬衫，上面有醒目的几何图案，多是红色和绿色的。"不要写"那些男人非常生气"，而要写你所看到和听到的场景："角落里有两个人开始提高嗓门说：

像"快乐""美丽""情绪化""好""坏""激烈""无聊""热""酷""高"这样的词既是抽象的，又是相对的——它

> 们对不同的人有不同的含义。与其用这些词，不如尽量用**感官细节**来**描述**场景、人物和他们的行为。运用全部五种感官：描述视觉、听觉、嗅觉、味觉和触觉。

'我不是这个意思！'然后其中一个戳了另一个的胸脯。"在描述之后，可以添加你的解释，"他们似乎都很生气"。但只有在你用感官细节记录了场景之后才能开始解释。

事件的顺序（Sequence of events）：通过识别行为模式来理解一个事件的来龙去脉，和事件之所以看起来如此的背景。谁在实施该行为？行为发生的频率如何？行为是否因性别、种族或阶级而异？注意权力差异。如果有人在主导这一行动的话，这个人会是谁？谁说话，谁没有说话？这些行为是仪式的一部分吗？仪式何时开始，何时结束？

材料（Materials）：看看你能收集到的材料。从这些材料中你能得到什么？

然后，在事件结束后立即写下你的最初反应；你的预期与你实际观察到的有什么不同？要认识到你的反应由个人化的（情感）反应和思想反应组成，这二者可能很难分离。写田野笔记是一项非常个人化的活动，因此许多人类学家把他们的田野笔记视为隐私，就像日记一样。

以下是我第一天在法属西印度群岛瓜德罗普岛（Guadeloupe）做田野调查时，记录的笔记中的一个片段：

我知道管道工今天要来修厕所，所以我想在他来之前就起床。两个年轻人开着一辆货车到了。我觉得很有趣的是，他自我介绍时是这样说的："他的名字，管道工先生。"（his name, Mr. Le Plombier）这样的表达非常法国化。还有他的助手，他的握手方式很奇怪。他伸出了手腕，而不是手掌，然后我不得不把手移到他的手腕下面才能与他握手。

如果我只停留在"握手方式很奇怪"，那我就没有做好田野笔记，因为"奇怪"这个词不够具体——事实上，它是一个高度相对性的形容词，你觉得奇怪的东西对我来说可能不奇怪。用另一个人能够理解（而且我以后也能准确地回忆起来）的方式记录握手的场景是很重要的。事实上，直到两周后我才再次看到这个手势，这次是餐馆的调酒师向他的朋友打招呼。我结交的一位朋友给我解释说，通过身体接触来与熟人打招呼是很重要的，但如果你的手脏了，就不要握手，你可以伸出手腕、肘部，或任何干净的部位。这就是为什么水管工的助手与我打招呼时伸出了他的手腕而不是手。他当时已经开始工作了，手不干净。不伸出弄脏的手代表着一种尊重，但与人打招呼时，初次的身体接触仍然很重要。这给我们的启示是，当你写田野笔记时，无论是多么细微的动作，都要尽可能记录下来。

田野笔记
我妈妈
炸鱼条 / 炸薯条
下午 6:15
15 分钟用餐
吃得慢
我家
短发 / 眼镜 / 毛衣 / 长裤
礼拜天后慢慢来
还穿着工作服
看电视
细嚼慢咽
坐着休息，放松双脚

图 3.2　一份过于简单的田野笔记列表

上面是一份不完善的田野笔记，它来自一个学生的作业，记录了他观察别人吃东西的笔记。

这里记录的笔记似乎是稍后要详加说明的内容的提示词，但学生后来却没有再对其予以详细说明。由于这个学生过于依赖自己的记忆，所以这些都不是很好的田野笔记。例如，有一行写了"15 分钟用餐"，但没有关于该人如何用餐或在何处用餐的信息。活动持续的时间很重要，记载的时间是下午 6 点 15 分，说明这可能是一顿晚餐。然而，在这张简短的笔记列表中，该学生未能提供深入的细节，这份作业甚至留下了许多亟待回答的问题，因而被扣分：

- 这顿饭是在哪里吃的?
- 这顿饭是怎么吃的（用手还是餐具？哪一种餐具？用餐速度如何？）?
- 她（他）是独自吃饭吗？独自吃饭会影响进餐方式吗?
- "慢慢来"是什么意思？你妈妈的工作服是什么样子？学生作者知道这些细节，但读者不知道。

让我们再来看一些田野观察记录。我们将从一段写得不太成功的篮球比赛观察笔记开始。

在比赛过程中，我用自己的感官进行了一些观察。在声音上，有来自人群的加油声和欢呼声，还有广播中播放的音乐。此外，你经常可以听到球员在球场上互相喊叫或要球，以及教练大声向他们的球员发出指令。还有不绝于耳的球鞋与木质地板摩擦发出的吱吱声，这种声音一开始很刺耳，但很快就淹没在了球馆的环境噪声中。我唯一注意到的气味是我所在区域的人正在吃的食物的气味。我闻到了各种各样的食物的味道，包括热狗、鸡块和炸薯条，但气味最强烈的是爆米花，它的黄油香味从很远的地方飘过来，弥漫在整个区域。视觉上，有很多东西需要关注；当然，

作业原来的要求是让学生通过唤醒他们的感官来进行细节描写。这是一个冗长的段落，列出了作者的每一种感官体验以及与之相关的内容，这表示他试图面面俱到，而不是流畅连贯地进行深描。该生把这段话写成了他在篮球赛现场（包括球场和看台）的"感官汇"，结果导致这段话读起来没有重点。此外，这段话只有描述，没有分析。

比赛在球场上展开，球场上还有一个大屏幕，上面会回放比赛画面，展示粉丝的画面。我很喜欢看中场休息时的娱乐节目，在节目中，两个小孩穿上超大号的队服，并通过投篮得分来获取奖品。

下面这段写得非常好，摘自一个学生描写一次二元互动（dyadic interaction，两个人之间的互动）的文章。在这个案例中，一对母子正在咖啡馆排队等候。

大约在中午 12 点 15 分，我的注意力被一个小男孩吸引，他站在咖啡厅的长队队尾，不停地喊着："妈妈！妈妈！妈妈！"男孩 5 岁左右，穿着蓝色牛仔裤、藏青色羽绒服、白色打底衫，还戴着一顶绿色棒球帽。俯视着他的是他的母亲，一个身材高挑、拥有棕色及肩鬈发的女人。她看上去 30 多岁，穿着一件长款白色冬衣，配黑色裤子和黑色平底靴。她背着一个棕色的大包，费力地把它挎在右肩上。咖啡馆里的队伍越来越短，男孩显得精力充沛，踮着脚不断上上下下地跳。母亲打开大包，拿出手机，用急促的语调大声回复电话。当她在打电话时，她的儿子拽着她的外套，

> 请注意，这个学生作了非常详细的描述，包括两个人穿的衣服，以及男孩由于母亲的忽视而变本加厉地纠缠她。作者一句一句推进，加力，在两人的对话时刻达到高潮。总的来说，这位学生的描写非常出色，美中不足的是，她最后只用了简单的两句话来分析这对母子的互动。

再次喊道："妈妈！妈妈！妈妈！"母亲朝儿子挥了挥右手，仿佛要把一只苍蝇从外套上弹下来。从这个手势中，我可以看出她对儿子的固执和躁动越来越恼火。男孩努力想引起妈妈的注意，于是他开始拉咖啡馆里那条用于分开队伍的黑色隔离绳。隔离绳的杆子开始前后摇晃，直到母亲关上手机，抓住儿子的袖子，命令道："你得规矩点，先生。"男孩看起来很高兴，因为他重新得到了母亲的注意。显然，这个男孩因为妈妈没有把注意力都集中到他身上而感到不满。

最后，我们来欣赏下面这段写得更好的文字，它描述了另外一个在咖啡馆里的二人互动场景。这个作业要求学生根据二人的肢体语言来确定他们之间的关系。

> 当他们走向咖啡店门口时，女孩咧嘴大笑，男孩也在微笑。然后那个女孩把她的头发撩过右边肩膀，继续向我（咖啡店的方向）走来。
>
> 当他们到达玻璃门时，男孩把手掠过女孩的头顶为她开门，女孩从他的胳膊下溜了进去。他跟着她经过咖啡机，走进咖

请注意，这个学生的写作中同时包含了对话和肢体语言。她很聪明地选择了两个离她很近的人进行观察，如此，她可以看到他们的举动，并听到他们的声音。

啡馆正中的过道。此时，他们的笑声已经消失，神情变得严肃起来。当那个男孩跟着她走到过道时，他们没有再交谈，然后走出了咖啡店，走进了图书馆。在这段时间里，两人之间既没有对话，也没有任何情感交流。当他们沿着过道往前走时，男孩加快了脚步，再次走到女孩身旁。两人继续交谈，我听到女孩说："你看见［约翰］了吗？"男孩微微抬起头，好像在思考，然后回答说："没有，我不知道他在做什么。"对此，女孩只是无声地笑了一下，把头发甩到肩上，说："我还挺想他的，他太有趣了！"他们离我越来越远，他们的声音也越来越小，就在他们快要从我的视线中消失不见的时候，只见女孩拿出手机低头看着，用手指快速按键盘，并放慢了脚步。

虽然这次交流很短，但我可以从中推断出一些信息。首先，上面提到的两个人有某种关系，但很难说他们是单纯的朋友还是学习伙伴，或者是情侣。缺乏情感交流，加之他们一起在图书馆，让我认为他们更像是朋友或学习伙伴。从这个女孩的穿着打扮来看，她大概比较在意自己的外表，因为她穿着时髦的品牌，并且她的牛

> 此处，学生在推断两个人之间的权力关系；她还利用图书馆和咖啡馆的背景来猜测他们之间的关系。她不确定他们是朋友、学习伙伴还是情侣。这种不确定性似乎并没有让她感到苦恼，她可以自如地对这种不确定性展开分析。

仔裤和靴子看起来很搭配。男孩好像不怎么在乎外表，因为他穿着汗衫。此外，我认为女孩比男孩更具主导性，因为在咖啡馆里女孩领路，男孩跟着。男孩看起来也颇具绅士风度，因为他帮女孩扶着门。这段简短的对话让我觉得他们提及的是一个共同的朋友，加上女孩的笑声，也许他们最近做了什么尴尬的事，很可能是喝醉了。最后，这个女孩似乎在用手机发短信，这让我觉得她是在约朋友或其他人一起学习，因为她一进图书馆就掏出手机开始按键盘；不过她也可能只是在回短信。

从这次观察中，我认为我学会了要更加关注人们的言行及其中的细节。虽然观察的时间很短，因而很难作出可供后期分析的更详尽的笔记，但我相信我已经尽可能地利用了已有的信息。这个尝试对我来说是成功的，因为我完成了作业，并且在此过程中没有感到太过吃力。

从这些例子中我们能学到的是"让熟悉的事物变得陌生"。当你像身处田野中的人类学家一样思考时，你会把熟悉的事物变得陌生，正如第一章所提及的那样；你会放下对周遭世界的预设，尝试在具体的情境中实时地观察事件、物品、行为和人。一般来说，你可能会认为由于自己正在观察一些很稀松平常的事情，比如和朋友一起吃饭，所以你就完全了解所有情况。但对人类学研究者而言并非如此，按照克利福德·格尔茨的观点，要看到一种行为的所有可能意义，并以一种文化局外人（cultural outsider）可以理解的方式对其进行解释。

实施访谈

你以前可能见过"民族志访谈"（ethnographic interview）这个短语，但正如布鲁马特和董洁所说，民族志访谈是不存在的："民族志本质上与访谈无关，做访谈也并不能让你的研究属于民族志的范畴……一个研究之所以属于民族志的范畴，是因为它包含了关于社会现实的一些基本原则和观点。"民族志访谈只能为你的整体研究提供更多的细节。

访谈前——制定访谈指南

仔细思考你的研究问题，用民族志的思想来制定访谈问题。你还必须考虑访谈的方式，进行面对面访谈与电话/线上访谈的优缺点，以及如何保持相应的一致性，从而使得回答不会因为资料收集方式的不同而产生偏差。

- 确保访谈的提问都与研究问题相关。
- 要考虑到，你提问的方式会影响你得到的回答：封闭式回答、开放式回答,还是两者兼而有之(请参阅下面的提问示例)。

- 提出一些探究性问题以获得更多细节,为参与者提供详细表达的机会(例如:你能再展开说一说吗?你能举个例子吗?)。
- 避免引导性问题。引导性问题往往预设了答案,从而限制了回答的更多可能性。
- 确保使用参与者能够理解的词语——在拟定问题时要想一想你的受访者。

开展电话调查的提问示例

你怎样使用电话?(开放式:允许对方描述)

你用的是手机吗?(封闭式:提示是/否回答)

你如何使用你的智能手机?(引导性:假设这个人有智能手机)

你希望通过电话得到什么样的反馈?(引导性:假设对方需要反馈)

访谈中——让受访者说

学生在访谈中犯下的最大错误就是自己喋喋不休。你的目标是从参与者那里获得资料。你要营造一个令人信赖的氛围,以便你的受访者愿意给你提供有用的资料,如此一来你也会想让他多说。

- 解释同意书的内容并将其以书面形式呈现给潜在参与者。如果访谈要录音，请向当事人展示录音设备并检查音频。
- 在一个对参与者来说方便、舒适、安全的环境中进行访谈。
- 组织访谈时，要使其尽可能符合同意书中列出的说明。
- 积极倾听，理解参与者所说的内容。及时进行追问。更多时候保持沉默，让参与者发言。
- 感谢参与者付出的时间，并对其提供适当的补偿（如果在研究方案和知情同意中有说明）。
- 访谈结束后及时整理记录好笔记。

访谈后——分析你的笔记

当使用访谈法时，引语可被归结为分析中的"硬通货"。艾默生等学者将分析过程描述为两个部分：(1) 将笔记"作为一个完整的语料库"进行阅读；(2) 对田野笔记进行分析编码，以识别笔记中的模式，并把这些模式概括成有助于整体理解的主题。

分析转录的访谈资料的建议

专业的人类学家会将访谈内容抄录下来，这意味着访谈的音频文件会被转换成文字记录。这是一个烦琐却又必要的过程。音频中的每一个动静都可能很重要——一些停顿和副语言对语言人类学家来说非常关键。专业的人类学家通常会使用以下的策略之一来分析

转录下来的访谈记录:

1. 起初,把转录下来的文字看作一幅画,识别其中的停顿、中断、简短简练的回应和长长的独白。

2. 阅读转录的内容,记录下回答中的短语、术语和经验的模式。

3. 将回答中重复出现的模式排列成主题。在这里,专业的人类学家可能会画出一个概念模型或框架图来解释这些经验。

4. 找出可以说明每个主题的典型引语。

与收集资料的方式很多一样,人类学家分析资料的方式也很多。因此,分析访谈内容的方式不止一种。根据话题的性质和访谈资料的收集方式,有时候可能无法录音。转录对于获得准确的词语和停顿很有用,特别是当访谈是用 A 语言进行的,而你需要将其翻译成 B 语言时。有些人类学家在录制访谈录音时可能不会对其进行转录而是选择通过听访谈录音来核实一些事情。

艾默生等学者建议,为了识别文本中的显著模式和从你收集的资料中产生的主题,要试着就你的田野笔记提出这样的问题:

- 人们在做什么?他们试图达成什么?
- 他们究竟是如何做到某件事的?他们使用的具体方法或策略是什么?
- 其中的成员如何谈论、描述和理解正在发生的事情?

- 他们做了什么假设?
- 我在这里看到了什么?我从这些笔记中学到了什么?
- 我为什么要记下这些内容?

归根结底,好的访谈分析既要展现报道人的心声,又要解决最初的研究问题。

反身性思考

我在第一章的"人类学写作的要求"一节中解释过,具有反身性思维就是要意识到你与你所看到的事物的关系。以下是进行反身性思考的四种基本方式:

- 利用你对事件的本能反应。本能反应是一种直观感受,是你最初无法用语言表达的东西。如果你对某个事物、某件事感到喜欢或厌恶,想一想你为什么会有那样的感觉。为什么这个事物、这件事让你感到不安或舒适?探究你的情感和理智反应背后的原因及其方式。记住,非黑即白的"我喜欢它"或"我讨厌它"听起来过于老套和普遍。把(具体的)情感写出来。
- 描述你观察到的事件的连续性,然后进行分析。将你所预期的情况与你实际观察到的情况进行比较,寻找其中的模式。探寻你自己的视角与你所观察到的事件之间的联系,该事件/行为与其他人之间的联系,以及该事件和与之相关的问题之间的联系。帮助你的读者超越表面、深入地解读该事件。

- 承认自己的种族中心主义并想办法超越它。对于文化人类学家来说，要能够察觉到文化震撼（culture shock），并且走出文化震撼，这个过程必然伴随着各种不适，但这是一个学者在成长过程中所必须经历的。这也被认为是你已经通过人类学田野调查的成年礼的重要标志，意味着你在今后的职业生涯中能够胜任田野调查工作。

> 内隐偏见（Implicit bias）是心理学的一个术语，意指每个人都有先入的观念，这些观念塑造了人们的性格和思维方式。人类学家明白，每个人都带着种族中心主义的眼镜看待世界。

- 反思这些经历。作业的一部分可能是要求你写一到两段话，来对你从事这种田野类研究的能力进行自我评估。老师感兴趣的是：作为一个初出茅庐的人类学学者，尝试新的研究方法时，你是如何思考和行动的？通过完成这项任务，你对自己有了哪些认识？不要说什么"我以前就是个瞎子，现在看见了"，因为这样说会令人反感。相反，你应该认真地描述你在完成任务的过程中的优点和缺点，你注意到了哪些潜在的道德问题，以及，如果你在田野中再次尝试这种方法，你会采取哪些不同的做法。

民族志写作

有一个秘密：在如何组织架构民族志上，人类学家们意见不一。民族志写作有几种可能的结构。在呈现民族志资料上，沃尔科特（Harry F. Wolcott）描述了五种可能的组织结构：

1. 案例研究。
2. 根据相关主题进行组织，这种技术被称为"主题编码"（thematic coding）。
3. 描述一个组织内部的层级结构，并逐层推进。
4. 根据对研究问题有贡献的人群、相关各方进行组织。
5. 用某人的人生故事来说明重要的主题。

学生们经常被要求用两种文体中的一种来写他们的民族志：散文体（essay format）或科学的"IMRaD"文体[①]。我会在第五章详细讲解这两种文体。无论采用哪一种，都必须保证参与者的隐私，用化名代替他们的真名或为他们分配研究识别号都是可行的办法。你还应使用其他隐私策略（消除可识别数据、安全地存储笔记和打印稿等内容）。这不仅是一个撰写研究报告的好习惯，而且伦理审查委员会对此也有硬性要求。

[①] "IMRaD" 全称 introduction, methods, results, discussion，也称 IMRD。观察性研究和实验性研究论文的正文通常（不是必须）分为几个部分，以前言（引言）、方法、结果和讨论作为各部分的标题，这种结构被称为"IMRaD"。"IMRaD"结构直接反映了科学发现的过程。更多内容详见第五章。——译者注

沃尔科特认为，一份优秀的民族志，包括迷你民族志，具有如下主要特征：

1. 民族志是整体性的。
2. 民族志是跨文化的。
3. 民族志是比较性的。
4. 民族志是真实的。
5. 民族志是实际存在的。
6. 民族志需要密切的、长期的参与观察。
7. 民族志是非评判性的。
8. 民族志是描述性的。
9. 民族志是具体的。
10. 民族志是因变化而调适的。
11. 民族志是由证据支持的。
12. 民族志是异质的和个性的。

散文格式

如果使用散文结构，你会通篇对所观察到的进行描述。在前两段，你要描述这项观察的环境和持续的时间；在主体段落，要讨论你的田野笔记，也就是你观察到了什么，你可以逐条叙述你的观察，同时像撒胡椒面似的一条一条做点分析和解释，也可以仅仅叙述，而把分析和解释留到最后一段。

IMRD 格式

我会在下面的第五章中提纲挈领地讲讲 IMRD 格式的写作。你会在人类学期刊上读到这个格式的文章，而且会发现不同的文章在叙事风格上各不相同。IMRD 格式的**引言**（*introduction*）部分，需要提供一个客观的理论框架。**方法**（*methods*）部分包含所观察的人物、内容和地点。观察的日期和时间需要进行具体说明。如果田野调查时间比较长，比如持续几周甚至几个月，则要描述进行田野调查的全部持续时间。**结果**（*results*）部分的重点是描述你的发现，描述要细致、准确，这样才能向读者表现出你的专业性和可信性。最后，在**讨论**（*discussion*）部分重点解释你的发现，尝试回答下面这些问题。

- 你的观察结果有何意义？
- 与预期相比，观察结果如何？你认为你的观察结果为何会发生？
- 你的观察结果中存在什么联系或模式吗？
- 你观察的明确目的或隐含目的与获得的结果是否相符？
- 你的田野笔记（或其他资料收集技术）的优点和缺点是什么？
- 你从观察的结果中了解到了什么？

田野调查类任务的最低要求是你在其中发挥了创造性，但无论如何，你还是应该和你的教授核实一下，以确保你的作业符合基本规范。

第四章

撰写文献综述

REVIEWING THE LITERATURE

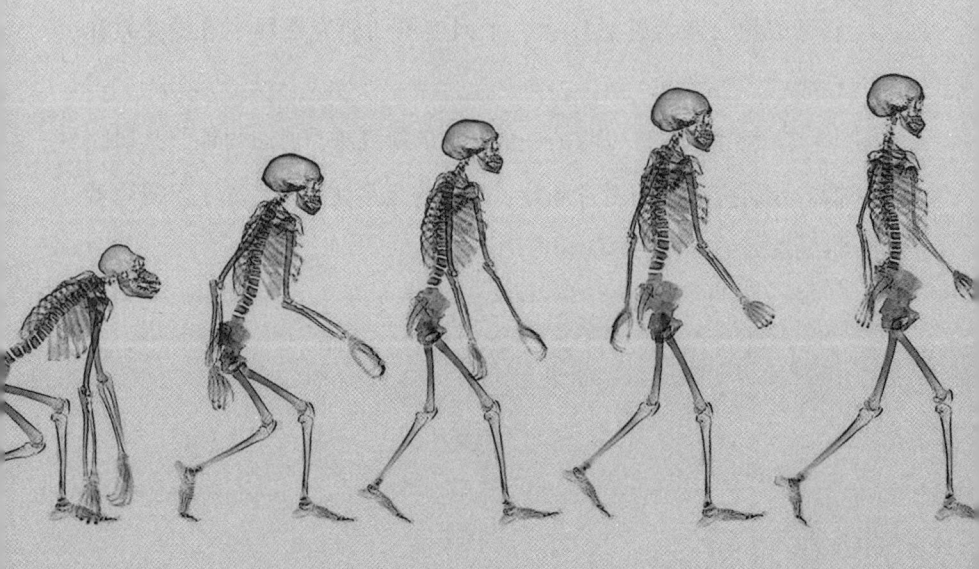

64　　　文献综述是对已发表的、有关特定主题或研究问题的内容的综合归纳。在人类学中，文献综述是功用最多的写作类型，因为筛选、评估和使用文献资料是着手撰写研究性论文、研究报告和研究计划的必备工作，而且，无论其中是否单独开列一个文献综述部分，它们都必须包含文献综述的相关内容。

　　一些学生认为文献综述就是选择一个话题，把关键词输入搜索引擎，找到文章，然后写出摘要，但它远不止这些内容。正如图表所示，文献综述是一个关键部分，它要求作者在一个问题上表明立场，并从既有文献中收集可以支持自己的论点的研究。我们可以把文献综述看作在一系列连贯的研究资料中寻找关系和趋势。

　　文献综述本身可能是一个完整的研究项目，也可能只是研究报告或研究计划的引言部分。其目的是"让审稿专家了解研究者将要探究的研究主题的研究动态"。

第四章 撰写文献综述

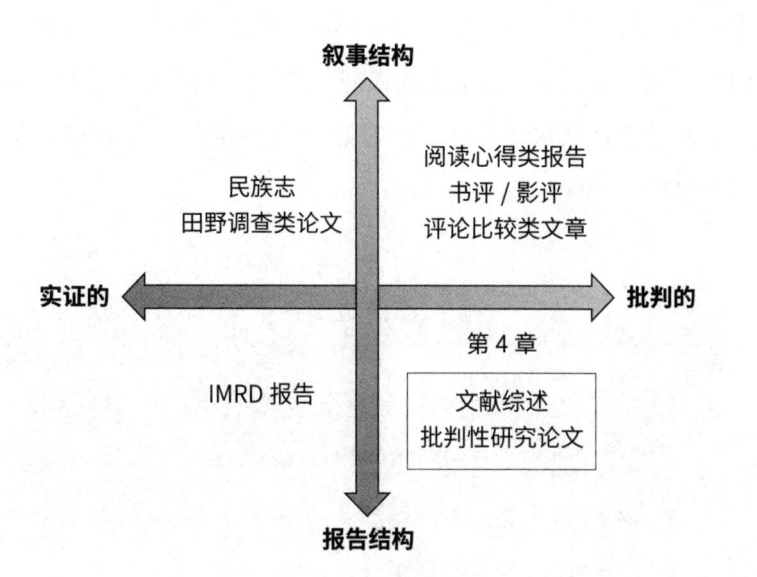

```
                    叙事结构
                       ↑
         民族志         |    阅读心得类报告
      田野调查类论文     |    书评/影评
                       |    评论比较类文章
                       |
   实证的 ←─────────────┼─────────────→ 批判的
                       |      第4章
                       |    ┌──────────┐
         IMRD 报告      |    │ 文献综述  │
                       |    │批判性研究论文│
                       |    └──────────┘
                       ↓
                    报告结构
```

图 4.1　文献综述的写作结构和方法

你的综述应该基于这样的假设：没有一个学术领域是静态的；相反，它是一连串的争议和对话。因此，你不应该在自己的文献综述中试图**解决**（solve）或**证明**（prove）任何事情（事实上，在人类学写作中，你应该避免使用"证明"这个词）。考古学家希望看到的文献综述与语言人类学家希望看到的文献综述可能有细微的差异，所以，有关特定学科文献综述写作的惯例，请咨询你的导师。

本章的内容也可以用于编写注释书目（annotated bibliography）。注释书目是文献综述的一种变体，它读起来就像由一个研究问题联系起来的诸多条目的一个目录，而不是一篇包含引言、结论和主体段落的文章。针对注释书目，你需要对文章有透彻的理解，进而写出相关摘要并对文献进行评价。因此，注释书目列表包括四个主要环节：(1)查阅文献来源，(2)为文献来源标明注释，(3)总结和评估这些文献，然后(4)解释每个文献来源与你的研究主题之间的关联。

文献综述可用于：

- 了解主题的基本背景、研究动态和研究共识。
- 证明你是一名称职的批判性研究者。
- 确认相关问题、关键术语、关系和趋势。
- 找出学术生长点。
- 剖析概念框架。
- 为你的论点收集论据。
- 了解与你的研究最相关的反对意见。
- 为研究性论文／计划的其余部分作准备。

寻找可行的主题

写文献综述的第一步是确定主题，除非你被指定了某个主题。请参看以下几组主题示例：

	主题明确性一级	主题明确性二级	主题明确性三级
案例1	尼安德特人	尼安德特人文化的证据	莫斯特石器传统，最古老的尼安德特人工具传统

	主题明确性一级	主题明确性二级	主题明确性三级
案例2	鱼翅汤	鱼翅汤食用的存续与争议	用来制作鱼翅汤的双髻鲨鱼鳍的基因测序和鉴定

大多数学生都是先拟定一个主题，了解有关该主题的信息量，然后再决定是否使用这一主题。如果你对自己的主题还不明确，那么在进行初步查找时，可以将主题明确性设为二级：它一方面足够具体，可以确保查出的结果数量可控；另一方面又足够广泛，从而给了你一些可选择的空间。

但是，你不必独自去寻找主题：尽早与你的老师或图书管理员分享你的主题，并征求他们的反馈意见，这样你就不会摸索太久。

查找文献

确定主题之后，你需要在合适的数据库中搜索与你的主题相关的研究，进而将这些研究写进你的文献综述中。这是一个进行跨学科讨论的好机会，跨越学科边界，将其他研究领域的成果，或者是具有不同学术技能和专业知识的多名研究人员整合起来，一起来探究某个问题。[1] 在利用跨学科方法进行研究上，人类学家早于其他学者。如第一章所述，人类学是**整体性的**（*holistic*），这就是说人类学家不会将自己局限于其他人类学家的研究，他们从历史学、性别研究、社会学、乡村研究、地理学、医学等诸多领域寻找与自己的主题有联系的研究。

用谷歌搜索就像是一种下意识的本能反应，以至于无论如何你都会先用谷歌搜索，所以无须刻意避开它。进一步，你可以试试谷歌学术（Google Scholar），它会把搜索结果限制在学术来源中。然而，即使你从这些简单的搜索中收集到的资料已经超过导师要求的最低数量，如果止步于此，你也无法完成一份真正的文献综述。哪怕你进一步搜索了诸如"学术研究数据库"（Academic Search Premier）或"斯高帕斯"（Scopus）等常规数据库（你可能在大一的写作课和其他课程上，接触并熟悉这些数据库），你仍旧无法完成一份足够全面的文献综述。你还必须使用该领域的专业数据库，特别是"人类学资源"（Anthrosource）和"人类学+"（Anthropology Plus）。查阅你们学校的图书馆网站——或者更好的是，咨询图书管理员本人——以了解如何访问这些数据库。

当你在数据库中搜索时，针对特定的数据库，需要使用其能接受的搜索术语——很少有数据库能像谷歌那样工作[1]。如果你找不到相关资料，可能是因为：

- 你问的研究问题太具体了。

---

[1] 作为全球最大的搜索引擎之一，谷歌拥有庞大的搜索数据库和强大的算法，能够对海量数据进行分析、筛选和排序，从而为用户提供准确、相关的搜索结果。https://baijiahao.baidu.com/s?id=1764663172648222753&wfr=spider&for=pc。——译者注

- 这个话题与人类学无关（但这很令人惊讶！因为人类世界的一切都与人类学有关）。
- 你没有使用人类学特有的术语。
- 你忽视了其他写法（例如，光明节的多种写法：Chanukah，Hanukkah 等）。
- 没有正确使用布尔运算（Boolean operators）① [和，或，非（and, or, not）]。

尝试更改关键词，这可能需要用不同的关键词进行 10 次到 20 次尝试。但是，如果你不想试那么多次，可以使用限定项²：加入日期或文章类型进行筛选（仅限同行评议）来限定，或者缩小你的主题。

假设你的主题是尼安德特人及其文化证据，一个典型的错误是只搜索研究术语，如果找不到自己想要的内容便放弃。相反，你应该延展出一系列相关术语，比如这样的两组搜索词：一个是尼安德特文化，另一个是关于鱼翅汤的争议（鱼翅汤是中国人的美食，但其价格越来越贵，在某些情况下，由于担心鱼翅贸易会导致鲨鱼的数量减少，食用鱼翅汤是非法的）。

---

① 布尔运算是数字符号化的逻辑推演法，包括联合、相交、相减。图形处理操作中引用了这种逻辑运算方法以使简单的基本图形组合产生新的形体，并由二维布尔运算发展到三维图形的布尔运算。https://baike.baidu.com/item/%E5%B8%83%E5%B0%94%E8%BF%90%E7%AE%97/10865631.——译者注

不要只搜索……	还可以做如下尝试
尼安德特文化	尼安德特人（Neandertal），*Homo neanderthalensis*（尼安德特人的另一种科学术语的拼写方法） 尼安德特人的行为，文化 发现尼安德特人化石地点的名称 使用的工具 牙齿磨损/齿系 火的使用
鱼翅汤	中国美食 被禁食品，鱼翅争议 法律禁止销售和交易鱼翅 捕捞鱼翅的做法 中国传统 可持续捕猎 鱼翅替代品

记住，也要查找书籍，你可以通过搜索图书馆的目录和专门的人类学数据库来找书（你甚至可以将亚马逊网站作为查找书籍的快捷方式）。

无论是书籍还是文章，**要深挖它们的参考文献列表**。书籍和文章的参考文献部分都包含着作者所做的"文献轨迹"（bibliographical trails）[3]的线索，借助一篇文章的参考文献部分来查找可能适合你研究问题的同类文章，这是一个非常好（甚至是杰出）的研究习惯。还要注意，在你找到的文章或书籍的参考文献部分，是否有一些文章或书籍的名称反复出现。如果有的话，标明那篇文章或那本书很重要，是所有圈内人都知道的试金石，你也应该把它们找出来读一读。

要找到相关性最强的资料，得费九牛二虎之力，这没什么丢人的。即便是经验丰富的研究人员，也会在搜索资源时偶尔陷入死胡同，感到沮丧。当老手们面临这种困境的时候，他们会去找图书管理员帮忙。新手往往想着要自食其力，认为寻求帮助是无能的表现，因而避开图书管理员。但事实上，作为一名研究人员，向图书管理员咨询是**实力**（*strength*）和**成熟**（*maturity*）的标志。在你的研究过程中，无论何时，找到图书管理员——最好是社会科学方面的专家，这在多数大学图书馆都有——并向他/她寻求帮助。这是参考资料馆员（reference librarians）的工作，他们中的大多数人都喜欢这份工作。他们**希望**你去找他们。向参考资料馆员咨询15分钟可以省下你几个小时的研究时间，而且你也不必那么孤独无依甚至徒劳无功。

寻找关系和模式

阅读一些资料之后，你就可以着手寻找其中的关系和模式。首先检查一下作业要求，看看其中有没有关于应该如何组织文献综述的内容。你可能需要创建图表来向读者传达你的发现。哈布赫（Susan M.Hubbuch）[4]为你如何分析笔记提供了以下建议：

- 什么理论似乎是最受欢迎的？哪些理论最常被提及？提示：人类学家在讨论理论时使用主动动词，如"运用"（employ）、"评估"（assess）、"提出"（develop）和"批判"

（critique）。贝西尔（Lucas Bessire）和邦德（David Bond）[5]的研究文章《本体论人类学与批判的延期》（"Ontological anthropology and the deferral of critique"）摘要中的这句话是一个样板："我们对本体论人类学提出了民族志和理论性批判。"（"We develop an ethnographic and theoretical critique of ontological anthropology."）你所关注的研究或实验大多基于哪些理论？这些理论的流行程度是否有所变化？

- 大多数研究人员对这个主题作出了哪些基本假设？
- 你能按照研究/实验中使用的测试步骤，对读过的研究报告进行分类吗？
- 你能根据测试、观察的对象/材料的种类，对读过的研究报告进行分类吗？
- 你能在报告的结果中发现什么模式吗？
- 研究者得出的结论有什么规律吗？
- 哪些专家的名字出现频率最高？是否某些专家与某些研究类型、某些理论、某些研究领域联系在一起？

一旦找到一些与你的主题紧密相关的文章，就应该进行如下的引文搜索：

- 查找该文章作者最近或以前发表的其他文章。
- 查找引用该文章的其他文章。
- 查看那篇文章的参考文献，看看还有谁引用了它们。
- 看看那些作者还发表了什么其他文献。

以你找到的资料的发表日期为界,向前追溯向后延伸,你可以得到关于你的主题的主要作者和开创性作品的横截面。为了做到详尽,请保持条理并对你找到的资料进行追根溯源。这样做能够帮助你培养研究能力,也能让你避免在没有仔细查找之前,就妄下定论说"关于这个主题的资料很少"或"这个主题尚未得到足够研究"。

为选择与主题相关的文章设定入选标准

对于你所读的每一篇文章或每一本图书,你都应该提出一系列问题,这些问题是你在阅读任何一个文本时都应该问的。这些问题将帮助你确定哪些文章值得深入研究:

- 作者是谁?
- 作者的推理是否合乎逻辑?
- 作品发表在哪里,由谁发表,为何发表?注意:并非所有的二次文献都是等同的。同行评议的文献处于最高级别,因为它必须符合同行评议的标准(由该领域的专家判断是否值得发表)。本书后面的附录列出了进行有效的

加入对立观点

在寻找资料时,请确保其中包括一些**挑战**了你的想法,或与你的新论点相左的资料。记住,你应该捕捉关于你的主题的**争议点**,

> 如果只选择与你的观点一致的资料,你就无法捕捉到争议点。当文献综述中包含质疑共识、指出局限性,并且挑战你自己的论点的研究时,它会**更有力**。这些可以为综述增加活力(更不用说公信力了)。

73　　课堂同行评议的技巧。相比之下,报纸和杂志属于大众文献,刊登的内容也经过了编辑的审核,但审核的严格程度较同行评议要低,目标受众也与之不同。

- 文章是最近发表的吗?注意:时效性是一个个人问题,它取决于你的主题和你如何缩小自己的关注点。比如,1962年的计算机科学文章完全过时了,但两年前的一些文章也已经失去价值。
- 作者的目的是什么?亦即,论文的研究目的是什么?
- 作者提出的论据是什么?这个论据有效吗?
- 关于结果有什么其他的解释吗?

> **需要提出的其他重要问题**
>
> 这篇文章与你的主题有何关联?
>
> - 如果不相关,那就不要犹豫,放弃它。
>
> 这篇文章与你之前读过的其他资料有什么关系?
>
> - 这篇文章是否肯定了共识,还是提出了相反的观点?有没有引入新方法?

> 这篇文章中存在哪些偏见?
>
> - 作者使用了什么理论方法？这种方法是否会影响研究者对研究重点的选择？作者作出了哪些假设？
>
> 这篇文章如何适用于更广泛的人类学议题，比如不平等？

阅读所选文章，提取关键信息

找到一篇你认为符合入选标准的论文后，你需要评估该论文对你的主题的价值。

查看文章的各部分

一些读者可能会阅读引言的第一段或前两段，但大多数有经验的研究者会直接阅读发现部分，并且查看所有图片和表格——任何可以传递知识的视觉资料。标题是什么？主题句是什么？

理解文章的主旨

多做笔记，但要养成用自己的话写笔记的习惯，这样在你转述的时候可以减少抄袭的风险。注意作者的主要论点是什么。如果你最终要引用他的论点，你会需要。人类学家喜欢创造新的词汇和短语。文章有什么关键术语引人注目？你肯定不想为了适应自己的论文而歪曲作者的观点。资料的原初语境对于理解资料非常重要，明确这一点可以防止断章取义，所以在略读[3]时要明确论点和所有关键主题。

提出关键问题

施密特（Randell Schmidt）、史密斯（Maureen Smyth）和科瓦尔斯基（Virginia Kowalski）[2]建议就一项研究提出以下6个问题（并从文本中找到答案）。请注意，这些问题既与内容有关，也与语境、目的和方法有关。新手读者往往会问："研究的要点是什么？"然后就此打住。有经验的读者也问这个问题，但他们首先会问："作者为什么写这篇文章，他们的目的是什么？"然后再问下面这些问题。

1. 是什么疑问、争论或难题驱动了这项研究？（在标题或引言中找答案）

2. 研究对象是谁或哪个群体？尽可能多地描述这些人，包括他们的位置、特点和状况。（在方法或步骤部分找答案）

3. 这项研究是如何进行的？（使用了什么方法，进行了什么研究？）（在方法部分找答案）

4. 为了生成资料，该研究试图解决或提出什么问题？（在方法部分和研究结果部分找答案）

5. 研究发现了什么？研究的结果是什么？为什么研究者认为他们会有这样的发现？（在研究结果部分和分析部分找答案）

6. 看完结果部分和分析部分后，对一些研究进行比较和对比。这种比较和对比将成为你的分析内容。这些研究是相似还是不同？相似点和不同点在哪里？驱动研究的问题是否相似？研究的群体是否相似？研究的结果是否相似？对结果的分析是否相似？研究的各个方面是否有一些难以理解或合理化的倾向？研究是否存在难以理解或合理化的遗漏、错误或者要素？

有经验的研究者是怎么处理同行评议的期刊文章的？让我们看一个范例。这是琳内特·阿诺德（Lynnette Arnold）2012年在《语言人类学杂志》上发表的一篇文章，标题为《复制行动，复制权力：加州社区自行车店中的本土意识与日常参与实践》（"Reproducing actions, reproducing power: Local ideologies and everyday practices of participation at a California community bike shop"）。

首先确定标题中的关键词

在该文中，关键词是**权力**（power）、**意识**（ideologies）、**复制**（reproducing）、**日常实践**（everyday practices）；也许**社区自行车店**（community bike shop）也是一个关键词，因为那是研究的地点。

回顾摘要部分

该文的摘要是这样写的："在语言人类学中，有关参与的既有研究已对参与角色进行了细致入微的理解,并检视了这些角色在参与框架中发挥作用的过程。本文考察了参与模式,即基于角色的具身和语言参与形式的差异化使用。我认为这种参与模式是定义和区分参与角色本身的核心。本文聚焦于在一家双语自行车修理店收集的资料,这家店的参与意识具有明显的规范性。民族志和互动分析表明,这些意识既影响着本土实践,又被本土实践所形塑,并对谁能参与以及如何参与产生了实质性影响。"

检视文章的结构

该文以 IMRD(Introduction/Methods/Results/Discussion,引言/方法/结果/讨论)格式写作,但其标题都是描述性的,文章的前两个二级标题是"参与和权力"和"参与角色、参与模式和适当意识",而不是"引言"。有几个图、表和照片,提供了参与者的人口统计信息,以及自行车店里的人们之间的对话,对话与人们的动作相对应。此处,语言人类学家利用选词、语序和肢体语言的组合,揭示了说话者的一些信息以及他们的对话发生的情境。

确认研究目的

通常,作者会开门见山地陈述文章的研究目的,就像这篇关于自行车店的文章的第一段中的这句话:"在这篇文章中,我分析了这种规范性参与模式的制定和影响,在这种模式中,特定参与者的角色主要是通过特定形式的具身性参与来定义的,这揭示出这种期待如何被创造性地接受、复制和抵制。"

提出基本问题

驱动研究的疑问、争论或难题是什么？

你通常可以在标题或引言中找到这个问题的答案。寻找带有指示词的句子："这项研究的中心思想是……"或"目的是……"或"在这篇文章中，我认为……"。引自该文第二段的这几句话，指出了作者的论点："本文认为，日常参与实践受到社会不平等和权力的严重影响，并主要由其构成。本文的分析表明，尽管这家自行车店的目标是出于善意的平等主义赋权，但这一参与观念在这个环境中的实施无意中加剧了社会、经济、种族和语言上的不平等，而这恰恰是这家自行车店力求避免的。"这段话可以这样表述：该自行车店设计的初衷是平等服务每个人，但自行车修理志愿者和社区成员之间的说话方式反映了权力差异，这反而拉大了该店试图减少的现存社区内的不平等差距。

研究对象是谁或哪个群体？

尽可能多地描述研究对象，包括他们的位置、特点和状况。最基本而又完全准确的答案是：加利福尼亚一家名为"Bica Lo-Teca"的双语非营利自行车店的自行车修理志愿者和社区成员。有经验的读者还会指出，志愿者所描述的他们教导社区成员的方式（不干涉，口头指导），以及二者之间的互动和使用的语言，这些都反映了两个群体之间的权力问题。

这项研究是如何进行的？运用了什么方法？进行了哪类研究？

以下信息摘自该文第 5 页二级标题"情境中的参与"的部分：2009 年秋，在开放商店（Open Shop）期间，进行了每两周一次、为期三个月的参与观察，对商店物理空间的拍照记录，对员工和志愿者的 5 次录音访谈（时长从 45 分钟到 90 分钟不等），以及约 15 小时的互动场景录像。根据论文的结构，关于方法论的内容可以放在二级标题就是"方法"的部分，也可以放在标题更具描述性的部分。在一篇典型的文化人类学文章中，你可能需要通过细读来挖掘关于方法论的内容，但它一定会在研究结果的描述之前出现。

该研究探究或提出了什么问题来获取资料？

很难直接回答这个问题，因为论文中没有提供访谈提纲，但是附有对话的表格给出了作者希望读者了解的互动信息。

研究发现了什么？研究的结果是什么？为什么研究者认为他们会有这样的发现？

请看"向新顾客介绍参与意识"部分的开头。该部分解释说，有时让志愿者们觉得有趣的是，新到这家店的顾客没有意识到他们得学会自己修理自己的自行车，而不是让志愿者技工来给他们修理。请找出作者明确陈述其观点的地方，或者对呈现出的结果进行评论的地方。在该部分的后面，有这样一段话："对参与者之间差异的消除导致了社会、经济和语言等级在不知不觉中重现，而这种等级正是 Bica Lo-Teca 的平等主义赋权目标试图削弱的。因此，Bica Lo-Teca 所倡导的参与模式对开放商店实践社区的参与者来说构成了某种悖论，之所以如此，是因为他们试图在一种认可、接受参与者之间非对称关系的参与意识的情景中保持平等主义。结果，志愿者们试图软化并尽量减少他们对商店用户的施压……"作者力图**整合**研究中的发现，得出一些关于这些发现的结论。

本研究的方法和发现与其他相关或潜在研究有何关联？

例如，你可能会提出这样一个具体问题：Bica Lo-Teca 的情况与考察别的小型企业或社区团体的其他研究发现的情况有何异同？在那些研究中，权力通过语言以什么别的方式显现（或不显现）吗？那些研究所考察的群体是否相似？Bica Lo-Teca 自行车修理志愿者和社区成员的经历有何异同？你找到的那些相关研究与该研究是否存在有趣的相似之处？如果自行车修理志愿者是带薪雇员，情况又会有什么不同？如果这是一家花店而不是自行车店，情况会有什么不同？阿诺德的研究问题与其他研究中的研究问题相似吗？他们的研究结果是否相似？对研究发现的分析又是否相似？例如，其他研究运用的是参与式观察法还是其他方法？研究的各个方面是否有一些难以理解或合理化的倾向？研究是否存在难以理解或合理化的遗漏、错误或者要素？这类问题体现了你的积极思考能力。在文献综述中，你所做的不是简单地表明你已经阅读了相当数量的文章，而是要提出诸如此类的问题，是要成为一个积极思考的人。

形成你的论点

文献综述是探索性的，因为你首先需要围绕你的主题进行文献阅读，然后才能对该主题发表一些有价值的看法。要想从一系列的文献概括总结发展到一个论点，你需要问自己下面这些问题：

- 我的具体难题或研究问题是什么？
- 每一个资料与这个研究问题有何关联？
- 我要写哪种类型的文献综述？
- 我有没有在理论、方法、某些学者的研究工作、不同资料的研究结果中发现什么趋势？如果有，我能够对这种趋势提出什么观点？
- 在阅读文献的过程中，有没有什么意料之外的发现或模式出现？
- 文献中是否存在矛盾或重大的分歧点？
- 在这些资料的诸位作者所持的不同观点上，我持什么立场？

如果你准备用文献综述来撰写论证某一论点的批判性研究论文，你应该阅读下一章，了解展开此类论点和论据的策略。如果你的任务仅仅是写一篇狭义的文献综述，那你可能不需要提出论点，但仍然要进行**综合**，要超越一篇一篇按部就班的概括总结。上面提出的问题以及接下来的内容可以帮助你做到这一点。

确立综述的结构

文献综述应该包含以下几个大的部分,尽管不一定要完全照这样来给各部分命名。

- 引言
- 正文,根据研究的主题、时间顺序或人群来命名该部分的小标题
- 结论

引言部分

引言应解释进行文献综述的原因。有时,有关进行文献综述的目的的陈述在引言快要结束的时候出现,在介绍了做这项文献综述的背景和情况之后,就像这样:"在过去的 25 年里,医学人类学家将批判医学人类学作为一种理论模式⋯⋯"这句话为文献综述的方向奠定了良好的基础,但切忌过于宽泛。无须对直接言明研究目的有所顾虑,比如,你可以直接说"本文的目的是⋯⋯"。下面的这个范例是一篇文献综述的开头两句,这篇关于福特主义(Fordism)(工业化大生产)应用于农业的文章 2001 年发表在《文化与农业》(*Culture & Agriculture*)期刊上,作者是博纳诺(Alessandro Bonanno)和康斯坦斯(Douglas H. Constance)。

本文的目的是梳理目前有关福特主义的浩瀚文献,

当福特主义应用于农业和食品业时,所面临的危机,以及福特主义向后福特主义和全球化的转变。构想是系统整理过去20年间,以研究全球趋势及其对农业和食品工业的影响为方向的学者们所生产的重要知识积累。

接下来的句子就应该概括你综述的研究者试图研究的内容("他们的主要研究动机是……"或"研究者论述了……"),然后用一两句话介绍你的论点。这种写作风格要求你介绍文献的视角,而不是介绍你自己的观念,因此,尽管你可能会在已发表的文献综述中发现第一人称的陈述(如"我认为""我提出了"),但在你的文献综述中应尽量少用这样的表达,除非这是你的目标受众所喜闻乐见的风格。下面这段范文节选自一篇关于政治经济学与语言的关系的文献综述的引言部分,作者是肯尼斯·麦吉尔(Kenneth McGil):

> 因此,我试图建立一套关于该研究方向的"特殊且相关的意义"。通过考察商品(commodity)、经济资源(economic resource)、工具性(instrumentality)、社会区隔(social distinction)和意识形态(ideology)等术语,我希望能够提出一些方法,让我们能够继续以富有成效的方式探索语言与政治经济学之间的关系,特别是鼓励更多的语言人类学家参与到这一不断壮大的领域中来。

你可能想事先说明一些限制条件,以便承认你可能没有找到所有的资料，但你并不一定要这样做。下面是博纳诺和康斯坦斯在那篇关于福特主义的文章中的做法：

> 我们非常支持这种观点，即研究农业和食品业宏观问题的人与专注于研究其微观问题的人之间的对话，是我们这个时代最重要的科学事业之一。综上所述，我们要强调的是，对这些文献的系统化整理需要进行简化，专注系统化地整理虽然能捕捉到这些文献的基本信息，但对这一汗牛充栋而且欣欣向荣的知识体系难免有失公允。

最后，要预告一下你的文献综述的组织方式："关于该主题的研究可以分为以下（几个）类别"，然后列出小标题的名称。你甚至可以在列表中使用数字，在数字后面用几句话阐述和总结各个类别或标题。以下是博纳诺和康斯坦斯的综述里的分类：

> 文章分为四个部分。第一部分概述了总体的经济和社会研究中对福特主义、后福特主义和全球化的概念化、使用和批判。第二部分侧重于农业和食品业的研究文献中对福特主义的概念化和使用。第三部分回顾了社会学、农村社会学、政治地理学和政治经济学领域中最近的相关争论，强调了它们对社会变迁的宏观分析的贡献。最后一部分对这些文献作为一个整体的贡献做了一点总结性论述。

我们也可以把它看成一个用分号分隔的带数字编号的清单：

> 文章分为四个部分：（1）概述总体的经济和社会研究中对福特主义、后福特主义和全球化的概念化、使用和批判；（2）梳理农业和食品业的研究文献对福特主义的概念化和使用；（3）回顾社会学、农村社会学、政治地理学和政治经济学领域中的最新争论，强调它们对社会变迁的宏观分析的贡献；（4）总结这些文献整体上的贡献。

就是这样，然后用第一个小标题开始一个新的段落。

在句子中把重点放在作者身上，但要使用正确的动词，不要把文献拟人化，表述为"研究人员写道""作者发现"，而不是"研究人员说""报告发现"。

下面来看看一个学生写的引言，其中存在一些有待改进的地方。这位学生似乎是为了开个头而强行写的。虽然几句之后就能看出文章的主题是教育不平等，但没有什么背景信息。比如教育的不平等现实是怎样的？这种教育不平等是如何衡量或记录的？为了更好地理解主题，读者首先需要简要了解萨尔瓦多（El Salvador）的教育体系的历史（回顾第一章，背景和历史是人类学写作的核心价值）。

关于城乡教育机会差异的既有研究较为常见，但将性别角色与教育不平等问题联系起来的研究似乎还不多。一些报告显

> 作为这篇文献综述的开篇，"既有研究较为常见"构成了一个无力的开头。第一句话应该介绍主题，以便读者理解议题是什么。

示了收入和教育方面的差距，以及城市和乡村之间的差距，比如古兹曼（Guzman）2000年的报告。由于"为农村地区提供的教师和学校数量严重不足……全国教师中在农村地区工作的只有15%"（Haggarty, 1988），因此，用于改善教育质量的政府资源总量在农村地区严重不足。古兹曼简短地谈到了男女教育差异的问题，他写道："关于教育的性别差异，当考虑到总人口时，女性的教育状况似乎是更糟糕的。"（Guzman, 2000）然而，他似乎认为，近年来这种差异已经趋于平衡，6—9岁的女孩和男孩在入学率方面差别不大。此处应该进一步研究的是，在13岁以前和13—19岁的教育中会发生什么情况，因为在进入13岁之后，孩子们开始承担更多家务。

> 目前看来，古兹曼2000年的这篇文章要么是该主题的开创性文献，要么是该主题的唯一研究。无论是哪种情况，学生都应该将其指出，以显示古兹曼作为研究者的优势。

古兹曼发现，萨尔瓦多人不上学的四个最常见的原因是"'成本高'（缺乏经济资源），'需要去工作'，'家庭原因'和'不值得大费周章去读书'"（Guzman, 2000）。其中两个原因正好与我关于农村性别观念及其如何影响学校教育的研究相吻合。在此基础上，我希望深入探究家庭对男孩和女孩的期望如何影响他们/她们对

> 目前还不清楚这篇综述的组织形式。主题以萨尔瓦多为背景，但第一段并未提及。

> 学生的直接引用过多。一般情况下应该是多转述，少直接引用。

学校的重视程度以及他/她们在校学习的时间。古兹曼还指出,在 1997 年进行的一项调查中,"[在 19 岁以下的人中] 28% 的人说,他们不学习是因为必须工作（包括做家务）"。20 世纪 70 年代和 80 年代的相关研究表明,"由于学生离开学校去挣钱或在家干活,农村地区的辍学率很高"（Haggarty,1988）。这些研究结果发现于 20 世纪 80 年代末,目前尚不清楚农村地区的情况是否已有所改善。在萨尔瓦多的农村人口如何接受教育,以及他们如何在受教育年限上超过其父辈的问题中,家务劳动与学校作业之间的博弈至关重要。

> 可取之处：学生指出研究需要更新或重复深入。

组织正文的三种方式

根据你所确定的行文趋势,可以用几种方式[2]来安排你的文献讨论。你可能会在文献综述中看到其中任何一种（或多种方式的混合体）,这使得此类作业比你最初设想的更具创造性。尽管你使用的是通过研究找到的二手资料,但你可以控制这些文献的呈现方式,这种呈现应该是经过深思熟虑的。

学生们采取的最糟糕（但又极其典型）的呈现往往是这样的：有一篇文章如是说；另一篇文章如是说；还有一篇文章如是说。以此类推,直到达到所需资料的最低数量。最后,这篇综述的结尾是一个按部就班但空洞的套话：所有这些文章都与我一直在研究的主题相关。这种"这篇，另一篇"的组织方式，或者类似于按字母顺序排列资料来源会让你的读者觉得，"或许我能找到并总结出所需的一定数量的资料来源，但我无法建立关联，对其进行分析或综合"。

这样的新手写的文献综述读起来就像一连串的小型读书报告。这不是好事，因为文献综述的目的并不只是证明你的研究和阅读数量，而是要表明你看到了资料来源之间的关系，你能作出有洞察力的**判断**，能建立**关联**，能得出**结论**。

关于正文的组织，下面是3种更认真、更具逻辑的方案：

按子主题组织

在安排你的文献讨论时，给每个子主题都拟一个小标题，用几个段落组成的一个小节来描述它们。要从**最重要**或**最具统领性**的主题开始写，按重要程度依次排列。这是最常见的文献综述组织形式。

按时间顺序组织

从最久远的研究到最新近的研究来组织。如果你选择这种方式，请务必在引言中说明这样做的原因。例如，假设在你的研究中，追溯某个观点的发展历程至关重要，那么这种组织方式可能最合理。

按被研究的群体组织

如果你正在进行跨文化的综述，这种格式为你描述子群体提

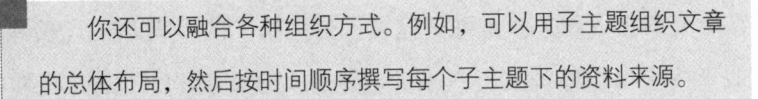

你还可以融合各种组织方式。例如,可以用子主题组织文章的总体布局,然后按时间顺序撰写每个子主题下的资料来源。

> **拟标题的小窍门**
>
> **简短而具体**。人类学综述中的标题大多在 3 个到 8 个英文单词(大概 4 个到 12 个中文字)之间。不仅要在文章的名称中使用关键词,还要在文内的标题中使用关键词。
>
> **尽可能使子标题在句法上平行**。就是让各子标题保持排比句式。

供了空间,你可以按研究对象进行排序,比如:所有年龄组 / 不同年龄组、不同的族群、生理性别 / 社会性别认同、地理位置、情境或条件。

无论你选择哪一种方案,都应该经过深思熟虑。

> **评估正文部分有无综合讨论的检查单**
>
> - 在每个子标题下的文字部分,要讨论多篇文献,而不能只讨论一篇。
> - 在大多数段落中,也要讨论多篇文献,而不是一篇。如果你为每篇文献单独写一个段落,则说明你的方法不对。相反,你的大部分段落应该以你想要表达的某个观点(关于

- 问题、疑问、主张、方法、限制、反驳的声明）作为开头，然后讨论与该观点相关的文献。这才是读者需要的综合。
- 有的句子应该囊括对多篇文献的讨论。这再次表明，你正在超越"这篇文献；另一篇文献"的思维模式，是在进行综合。
- 有些文献应在综述中不止讨论一次。一篇重要的文献可能在多个章节中与多个问题相关。不要害怕你之前描述过的文献重复出现，只要它与正在讨论的话题相关，这就不是重复的表现，而是综合讨论的表现。

结论部分

文献综述不应该止步于组织文献，而应该得出结论。有的学生习惯通过总结全文来结尾，但除此之外，还有一些更高级和有效的方式来为一篇文献综述收尾。

尚需完成的任务，尚需回答的问题	你写道
为什么这篇文献综述很重要？	在这里，你要解释文献综述的"意义、影响"（so what），明确指出你希望读者理解的几个要点。可以将其分点论述，或使用"第一，第二，第三"来引导读者层层进入。
如果你提出了重大的争议和倾向，请解释其重要性。	"这个争议之所以重要，是因为……"
该综述发现了哪些尚待解答的问题？	"研究者/人类学家可能还不知道……"

在结论中,请使用与引言相同的措辞和术语(这就是所谓呼应)。最优秀的文献综述会围绕一个中心问题综合现有的研究,并找出可以将不同文献结合起来的主题。请记住,文献综述应表现出你对文献的处理方式,所以结论部分不能只是重申你的阅读内容,而是应该强调这些文献之间更为重要的关系,以及它们对于继续就你选定的主题进行深入研究所具有的意义。

第五章

研究性论文写作

WRITING RESEARCH PAPERS

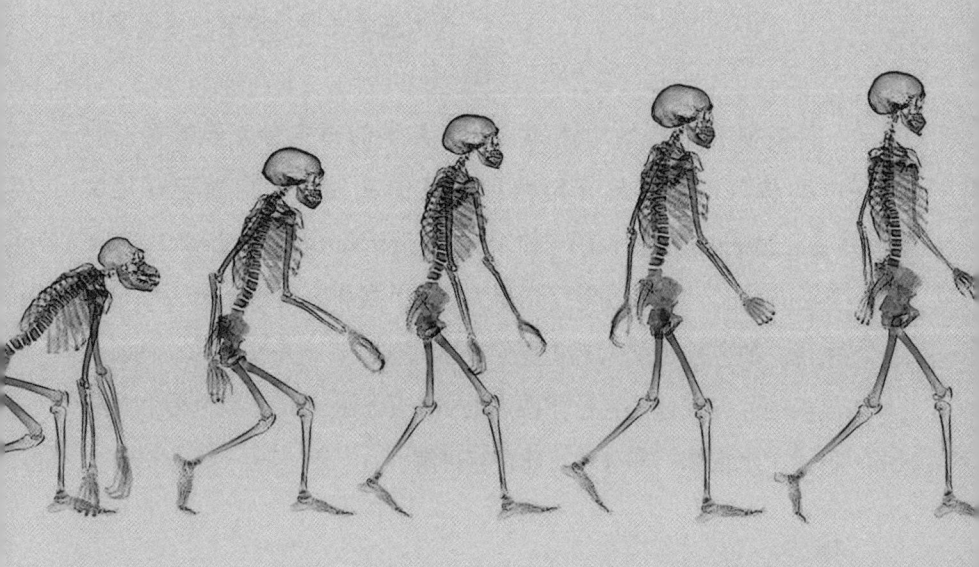

91　　我抱着头,耷拉着脑袋,试图为一篇截稿日期将近的期刊论文写一两句特别深奥的话。我一定看起来情绪崩溃了,但我只是在写作时卡了壳……有些老师对研究采取非常务实的现代主义方法:收集数据、整理数据、展示数据、解释数据。但现实世界不是这样的,人类的思维方式也不是这样的。在将自己的想法付诸文字之前,你无法完全明晰它们。写作就是思考,就像挥动手臂才能游泳一样。前者是后者的具象表现。有时,在状态好的日子里,写作会顺风顺水,但大多数时候并非如此。

——帕特里克·沙利文(Patrick Sullivan),副教授,澳大利亚圣母大学努伦古研究所

就研究报告的文体而言,人类学的每个分支领域都有自己的偏好。本章将介绍两种常见的文体:批判性研究论文(critical research paper)和 IMRD(Introduction/Methods/Results/Discussion,引言/方法/结果/讨论)报告。对于文化人类学家来说,研究性论文读起来更像文章而非报告,是交流原创性研究成果的主要文体。它位于图表的右下象限,趋向于**批判性**和**报告**形式。本章第一部分将对此进行讲解。

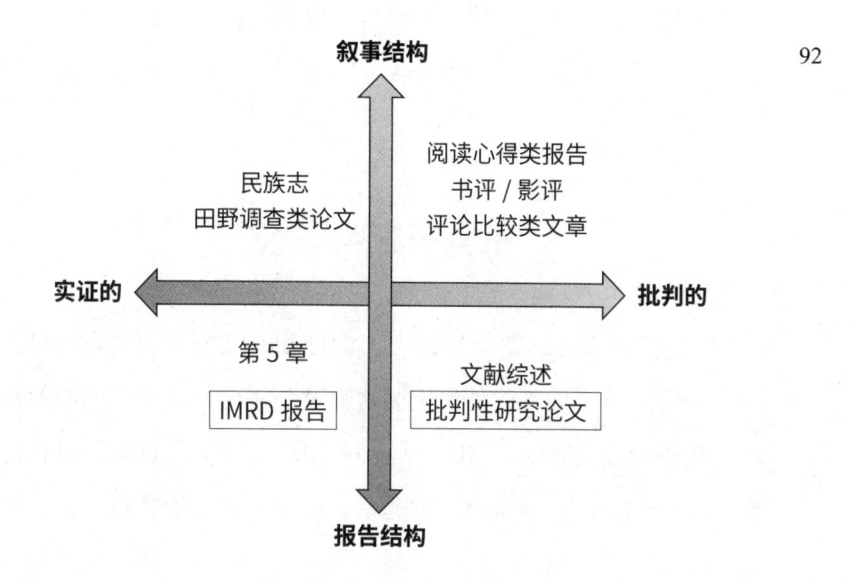

```
                        叙事结构
                          ↑
                          |
              民族志      |  阅读心得类报告
           田野调查类论文  |  书评/影评
                          |  评论比较类文章
                          |
   实证的 ←———————————————+———————————————→ 批判的
                          |
                          |
              第5章       |   文献综述
            IMRD 报告     |  批判性研究论文
                          |
                          ↓
                       报告结构
```

图 5.1　撰写研究性论文的结构和方法。

但考古学家和生物人类学家更常使用 IMRD 结构，在自然科学领域的实验室报告和研究文章中，你会常常看到这种结构。这种结构位于左下象限，趋向于**实证**，也就是说，其特点在于作者/研究者收集的原始资料。如果你的作业要求你使用 IMRD 格式，那么你需要关注本章的第二大部分。

对于医学人类学家和其他横跨多个分支学科的学者而言，他们会根据读者对象和发表渠道的特性来决定使用哪种格式。如果你预计自己会作为多学科团队的一员而开展研究，那么你需要掌握 IMRD 格式，以最大限度地拓宽文章发表的渠道。

这两种文体都涉及对既有文献的评述。也就是说，这两种文体在很大程度上都依赖于第四章所讲的内容，因为文献综述是它们的**一部分**，甚至可能构成批判性研究论文内容的**大部分**。有鉴于此，在学习本章时，请务必复习第四章，或时不时返回去看看第四章。

批判性研究论文

研究性论文是需要阐述论点、论据和研究内容的文章。对于专业研究人员来说，此种研究通常需要一手资料（自己的原始资料、田野笔记等形式）和二手资料（即已出版的书籍和期刊论文）。对学生来说，"研究"则通常只需要利用二手资料，但他们需要以某种方式用那些二手资料作出点原创性的东西。老师们通常会布置研究性论文的写作任务，这不仅是因为研究性论文与人类学的标志性体裁——期刊论文——最为接近，还是因为老师们希望借此培养学生的研究能力和批判性思维。

学生们往往认为，批判意味着"不遗巨细地找出某篇文章中的所有问题，并将其全然否定"。但"批判"并不仅仅意味着"否定"，就像"立论"并不意味着"争论"一样。前面的第一章中我们讲过"批判性距离"这个概念，在这个概念的基础上，可以这样阐述批判性思维的力量：批判性思维意味着要保持怀疑，也就是说，不能简单地把所有信息都当作事实来接受，越过总结直接进入综合、分析和论证。此处可以利用图尔敏（Stephen Toulmin）的逻辑方法，以下是一些你需要理解的术语：

- 论点（Claim）：作者要论证的总体观点

- 资料（Data）：为支持论点而收集的证据。
- 依据（Warrant）（也称"桥梁"）：解释资料为何能或如何支持论点；将资料与论点联系起来的基本假设。
- 支撑（Backing）（也称"基础"）：为了支持依据而可能需要的额外的逻辑或推理。
- 反论点（Counterclaim）：否定或不同意观点或论点的主张。
- 辩驳（Rebuttal）：否定或不同意反论点的证据。

上述术语中，最重要的部分是依据，它是作者用来说服读者相信其论点的一种潜在的、不言自明的假设。论点必须有依据。依据是理解作者意图的途径。依据使整体观点**看起来**可信，如果没有更深入的考究，就可能出现错误（并具有潜在危险）的论证。当我们面对一个论点时，最简单直接的问题就是："你怎么知道？"

在《人类学与人类运动：探寻起源》（*Anthropology and Human Movement: Searching for Origins*）一书中，为了满足论点的要求，德里德·威廉姆斯（Drid Williams）提出了其他重要的问题：

1. 作者提出了哪些论点？
2. 作者提供了哪些证据来支持这些论点？
3. 这些论点及其支撑的"背后"有哪些依据？

作者常常错误地假定读者与自己具有相同的信仰、经历和观点。依据发生错误时，作者会默认读者已经认同自己，而事实可能并非如此。当依据有问题时，论点可能就站不住脚。这提醒我们，即使你的写作像大多数批判性研究论文那样，严重依赖引文，第一章中所讨论的人类学写作的基本要求（批判性距离、介入、反身性、文化相对论、情境／历史和描述）仍然非常重要。这些基本要求可能并不构成你的论点背后的具体依据，但它们通常会注入论证，形成了读者所认为的常识的基底。

展开你的论证的诀窍有以下几点。首先，在已发表的文章中，练习识别论点和依据。然后，将注意力转向你的论点和证据：选择并解释支持你的论点的证据，并将论据以令人信服的、富有逻辑的顺序排列。根据所掌握的资料，你能否肯定地提出你的论点？当然，要使这一切行之有效，你需要充分了解自己的主题。你的论点背后有何依据？

批判性研究论文要求你得出自己的结论，表明自己的立场，并发表原创性的观点（或至少以原创性的方式来整合资料）。批判性研究论文通常要求你使用二手资料，与二手资料互动、解释它们、**质疑**它们，就好像你在与其他作者、研究者和哲学家平等对话一样。

拟定初步的论题

论题（thesis）实际上是论文旨在得出的结论。学生们常常觉得，在开始写作之前，他们必须全身心致力于确定论文的论题，一旦确定，就被锁定于这个论题，无法再改变。其实不然。刚开始的时候，你的论题应该是一个**初步的**论题，它传达了你当时的主要观点，但在后续阶段也可以进行修改。学生（和专业研究者）多有过这样的经历：随着研究的深入，了解得更多，他们会质疑并调整自己最初的主张；同样，在写作过程中，他们会偶然发现意料之外的新观点或反论点，因此他们需要适时进行调整。这是正常的，有益的。事实上，一个成熟的研究人员的标志之一，就是乐于将研究和写作视为一个探究的**过程**，而不是一开始就定下论题，然后为了适应那个论题而削足适履，把什么东西都硬塞进去。

在人类学论文中，主论点必须是**有争议的、有待商榷的**，也就是说，主论点不能是对读者而言毫无争议的事实或常识。主论点要有争议性，就是应能提供新的信息或解释，并包含风险或"对立"元素，如拉梅奇和比恩所说：你必须略带挑衅或争议地把自己架在那里。例如，你可以认为某个流行观点存在缺陷或不足。如果你的论点过于刚性，要么只陈述客观事实，要么只展现人类学家称之为常识的东西（比如"价值观是相对于文化而言的"），那么你的论点就没有什么值得论述的空间了。只有**通过辩论**，读者才能清楚地看到有待回答的具体问题是什么，能够解决的问题是什么，值得深入探索的问题是什么。否则，即便你的论题是**正确的**（就是说别人无法找出明确的理由反驳你），它也将难免是空洞无物的，因为你的论点没有辩论价值。

提出有效主论点的更多技巧

- 考虑在论题中加入反陈述；在论题中建立建设性冲突，使论题具有一定的张力。许多论题陈述都包含"虽然""尽管""但是"和"然而"等转折词，用以显示研究中的矛盾和张力。例如，请参考这些论题陈述："虽然康斯坦斯论证/认为……，但她并没有对……作出解释""虽然大多数人对这个话题持 X 看法，但我将论证 Y 看法……"，或者"虽然大多数人认为这种文化是 X，但我将证明……"。请注意，这些陈述都以表现两件事之间的**冲突、紧张**关系为特点。虽然并不是每个论题陈述都需要采用这种句式，但你应尝试将你的论题陈述改写成设定类似的矛盾冲突的句式。

- 论题陈述的一个妙招是加入从句，以此引导读者了解你在论文中将要使用（或已经使用）的**方法**。例如："依赖于对文献的回顾，我提出……""在对本校学生所做的调查的基础上，我发现……""根据我自己对 X 的观察和对文献的回顾……"，以及"通过将我在政治学中学到的关于 X 的知识，与关于同一主题的几种民族志的回顾联系起来，我认为……"。

- 好的论题陈述通常会运用模糊语言。在人类学中，我们很少能确切地**证明**什么，所以要避免使用"证明"这个词。取而代之，可以用"解释""分析""论证"等词。有时，你会通过一些措辞来软化自己的表达，如"证据显示……""我将探讨如何/为何……"或"在本文中，我质

> 疑……的主流理论"。这样的弹性语言不会使你的论题**薄弱**,相反,它们通常会让你显得**思虑周到、严谨慎重、实事求是**。过于武断的论题会让人觉得你不成熟,或者未曾关注到论文主题的复杂性。

同时,正如论题不能是对学科中的客观事实或常识的复述一样,它也不能只是一种个人意见。它需要真正的证据和理由。因此,找准论题是一项挑战。以下的论题陈述案例来自学生们写的论文,这些论文评述了一部民族志著作《全球舞台上的浪漫》(*Romance on a Global Stage*),这部著作探究了从网络开始的跨国婚姻,作者是匹兹堡大学的人类学教授妮可·康斯特布尔(Nicole Constable)。这些案例能够告诉我们如何找准论题。

> 案例1:康斯特布尔改变了研究跨国婚姻的普遍看法,借此,她让我们听见了过去缺失的当事人的声音。

这个说法并不真正具有争议性。这位同学需要给自己的陈述增加一点风险,也许争议点可以是该学生认为"缺失的当事人的声音"到底是什么,以及康斯特布尔是否正确地传达了这些声音。

> 案例2:在美国,"邮购新娘"和"邮购婚姻"这两个词在指亚裔女性时有很多负面含义。下文将审视

妮可·康斯特布尔调查和记录有关"邮购新娘"和"邮购婚姻"的诸多研究的方法,以说明康斯特布尔如何以及为什么认为"邮购婚姻"所传达的负面含义是不恰当的。

此处的实质内容是康斯特布尔"如何以及为什么"认为"邮购婚姻"一词不恰当这一部分,但这位同学与其将悬念留在康斯特布尔为何不喜欢"邮购婚姻"一词,不如在主题陈述中回答他自己提出的这一问题,然后围绕自己的回答为什么是准确的来展开陈述。可以这样修改:

> 下文将审视妮可·康斯特布尔调查和记录有关"邮购新娘"和"邮购婚姻"的诸多研究的方法,以说明康斯特布尔认为"邮购婚姻"一词是对夫妇关系的诋毁,并且还会使男女之间不平等的权力动态持续化。

案例3:康斯特布尔写这本书的主要目的是要打破大众对"邮购新娘"的一些成见。她想证明,也确实证明了真爱可以通过电子邮件和信件找到。她证明了这种线上关系就像其他关系一样,需要付出努力、理解、承诺和信任。

此处没有张力,因此没有论题陈述。此外,"证明"一词几乎永远不应该出现在论题陈述中。在解释的层面上,我们很少能证明什么；相反，我们是在说服读者相信我们的观点。

案例4：康斯特布尔以其女性主义者的视角，试图通过其研究来详尽阐明"邮购新娘"一词，但未能全面解放这件事中的主要当事人。

这句话很好，因为它提供了新的信息（作者是一位女性主义者），而且具有新的启示（提出作者在实现其著作的目标方面做得还不够）。

案例5：在康斯特布尔处理的概念中，"邮购新娘"可以说是被最快评判和定型的概念之一，因为西方人对"外国"新娘的看法是：她们是被压迫的和被伤害的，她们由于急于摆脱贫困和想要"出嫁"，所以才被迫陷入此种境地，但正如康斯特布尔所揭示的，这样的看法是误解，在现实生活中很少见。

这个论题陈述很好，因为它详尽地澄清了康斯特布尔的观点（这些新娘受到压迫、成为受害者，因此才被迫陷入此种境地），同时还通过说明康斯特布尔的观点是正确的及其意义（西方人关于"邮购新娘"的刻板印象是歪曲的和极端的），将作者的观点推进至一个新的框架。这也表明，在你的论文中，你不必总是不同意你的引文的观点，你也可以同意并扩展其思想。

有力度的初步论题的特点

- 有人不赞同你的论题（这很好！那么，你要用证据和逻辑来说明为什么你的论题是正确的）。

  你的论题聚焦，重点突出。过于宽泛的论题，会显得你试图面面俱到，涵盖过多信息。对你的论题陈述加以限制，这样你就有机会在你的研究主题上贡献新的思想或新的视角。

- 你的论题不应包含**好/坏**，**恰当**或**有趣**等空洞的形容词；这些形容词通常不会给论题增添太多实质性内容，也无法让论题变得有争议性。如果你在初步的论题中发现了这些词语，请不要局限于其中，而是要越过它们进行追问："它为什么好，为什么有趣？"对这些问题的回答就会成为更具启发性的论题。

- 你的论题应该回答"那又怎样？""所以呢？"（so what？）的问题。作为人类学家，你必须将聚焦的论题与更广泛的人类问题联系起来。

- 即使经过这些修改，你的论题仍必须与作业要求相符。设计一个好的论题陈述固然很棒，但即使在修改它的过程中，也要牢记原作业的要求。你甚至可以将作业中的一两个关键词融入论题中。

撰写有力度的引言

要写出给人深刻印象的引言,请记住人类学家的旨趣所在:他们希望了解你的研究会如何为某个人类学议题、问题或概念带来新的启示。引言部分通常包含几个段落,介绍研究的时间、地点、人物和议题的背景。它也常常反映出你对呈现背景所必需的二手文献的熟悉程度,这是你通常要在引言中引用一个或多个文献的原因。

引言部分的写作可以概括为5步:

1. 宣布主题并解释其意义(主题是什么?)

在这里你要开始提供背景信息。开篇时,找出与你的研究主题相关的关键词,用它们来造句。或者考虑从一个定义开始(不是来自词典的定义,而是来自你引用的文献的定义)。注意不要用"刚开始"这种过于宽泛的说法开头,我将在第六章的"时间的表述"一节中具体讲解这一点。

2. 概述既往研究(我们知道什么?)

凡是与你的研究主题直接相关的重要研究都应在此处提及,比如:

> 民族志研究表明,临床试验中的参与受到研究团体与潜在参与者之间建立的关系的调节(Graber, 2001)。

3. 加入对问题的陈述（我们不知道什么？）

此处，你可以指出既往研究知识中缺失的信息和空白，或应该加以研究来填补的某种需求。但这并不意味着你要对文献进行口诛笔伐。你可以选择运用的方式包括：分别指出每项研究各自的局限；将几项研究归为一组，提出这些研究的共同局限；展示几项研究中相互矛盾的地方。

你可以参考下面这个例子，针对多个研究，其分别指出了各自的局限：

> 陈和韦斯（Tran and Weiss, 1999）试图就农业对人口增长的影响进行数学建模，但他们的样本量太小。吉布森-加尼森（Gibson-Ganesan, 2004）也研究了这一课题，但他们的分析只呈现了一个地区的数据。迪波拉等人（DiPaola et al., 2012）的研究利用放射性碳年代测定法（radiocarbon dating）表明，亚洲早期农耕社会的发展速度与同时期北美觅食社会的发展速度相同，但该研究并未关注全新世（Holocene）以后的时期。

你也可以参考这个例子，其对多个研究加以归纳，进而指出其共同的局限：

> 然而，对于女性的施暴行为，一直少有关注。针对女性的暴力仍然没有足够的研究，在暴力类型、发生率以及受害情况等方面的性别差异有待进一步详加研究

(Clim and Johnson, 2014; Winn, 2013)。

你还可以参考这个例子，其展示了多项研究中的相互矛盾之处：

> 然而，有关针具交换项目有效性的证据却存在争议。一些研究发现，与标准转诊组的患者相比，换针患者使用毒品的基线严重程度更高（Rooney et al., 2016; Brothers et al., 2014），这可能会影响成功率；而另一些研究则发现，针具交换项目的真正问题可能根本不在于成功率，而在于患"邻避症"（NIMBY）①的公众和立法反对派（Campbell, 2013）。对针具交换项目的评估缺乏相对统一的衡量标准，这也导致了这些莫衷一是的发现……

4. 解释你的研究的贡献（这项研究对我们的既有知识有何补充？）

至此，你开始转向自己的研究。你可能会在开始的段落中构建你的论点，但在引言部分的最后一段，即第一个自定义的子标题之前，才是你真正要强化论点的地方：

> 我研究……

---

① NIMBY，全称 not in my backyard，直译含义是不要在我家后院，通常译为邻避效应，或邻避症，指居民或在地单位因担心邻避设施对身体健康、环境质量和资产价值等带来诸多负面影响，从而激发人们的嫌恶情结，滋生"不要建在我家后院"的心理现象。——译者注

我认为……

我调查……

我建议……

在这篇文章中，我引入关于跨性别人群的种种说法来理解美国立法者对美国社会和性别规范的假设。我认为，儿童保护正被用作一个支点，用以吸引公众支持法案，而这些法案不仅会对跨性别者个体产生负面影响，也会对性别表达不符合传统标准的人产生负面影响。有关性别观念的调查研究需要进一步深化，以便更好地捕捉公众对跨性别人群的日新月异的看法。关于公众对跨性别者的态度，我介绍了新近的研究，以此作为了解当代性别观的潜在途径，并借此说明……的挑战。

5. 描述所使用的方法（该研究是在何时、何地以及如何进行的？）

在人类学的研究性论文中，方法部分通常是与其他几个介绍性段落结合在一起的一个段落。如果你参加过足够多的人类学会议，你可能在走廊里听到过听众的小声嘀咕，他们抱怨发言人把方法部分一语带过，有的甚至只字不提。当你轻描淡写地介绍方法时，即使你的目的是缩短发言的时间，听众也会产生疑虑。提供方法的细节是科学从业者的职责之一。下面提供一个范例，是《历史的遗迹：塞浦路斯冲突后的时间与物品》("History's remainders: on time and objects after conflict in Cyprus")一文引言部分的最后一段，文章发表于《美国民族学家》杂志，作者是丽

第五章　研究性论文写作

贝卡·布莱恩特（Rebecca Bryant）。

因此，冲突背景使得未来在历史中找到一个家园的作用得以明确，强调了未来是鲜活的现在的一个维度，鲜活的现在总处于创造过去的过程中。在接下来的论证中，我将通过在塞浦路斯的长期田野调查，说明如何以及为什么可以利用物品来研究那些被质疑，以及被忧心忡忡地视为残缺的历史。我认为是：(1) 物品中包含时间动态，这使得它们以不确定的方式指向未来。在边境开放的特殊背景下，房屋、衣柜和照片能够引发或唤起多种未来的可能，这就产生了焦虑，而利用这些物品进行历史研究可以克服由此引发的焦虑。这种历史研究取决于：(2) 通过"归属感"（belonging）这一多重概念将人与物结合在一起，人们用"归属感"来描述关怀、相互依存和权利的关系。本文的背景是：物品的"归属感"受到了质疑，在该背景下，(3) 归属感的诉求是通过重构过去、现在和未来的关系来实现的。因此，有关物品的实践及其故事也可以帮助我们在历史中有所"归属"。

第一句介绍了背景情况，并指出了研究的空白或需求。

请注意作者是如何在引言中简要提及方法的。还要注意作者用的是"我"来提出主张。

用"认为""描述"这样的动词来引出研究目的。

论点明确，并有细节支持。

这三句带编号的话介绍了论文接下来的结构。

关于收集研究资料的方法，该文只提到了"长期田野调查"一种，对于期待有详细的方法介绍部分的科研工作者而言，这可能会让他们感到惊讶。但在这种格式中，重点不在于方法，而在于资料的丰富性，即将这些资料外加历史背景和报道人的引语一起使用。读者必须依靠人类学家的观点和对研究对象的了解，来对这些资料作出相应的理解。

通过安妮塔·汉尼格（Anita Hannig）的研究性论文《生病的医者：埃塞俄比亚一家医院的慢性病和经验权威》（"Sick healers: chronic affliction and the authority of experience at an Ethiopian hospital"），我们依次看到这5个步骤。

在人类学和治疗学的记录中，关于经验知识的优势的例子比比皆是，也就是说，某人罹患疾病的个人经验可以提高她的资格，以帮助其他受相同病痛折磨的人从疾病状态走向康复。由此，我想到了维克多·特纳（Victor Turner, 1967）讲述的恩登布人（Ndembu）仪式专家的经典故事——他们久病成医，从病人转变为治疗者，以及其他一些所谓"受伤的治疗师"的故事（Devisch,1993；Halifax, 1979；Moore et al., 1999；Taussig,1987）。与此类似，当代的艾滋病毒/艾滋病（HIV/AIDS）和埃博拉病毒治疗项目也利用了	第1步：宣布主题（患病经历），并将其定位为医学人类学的常见主题。 第2步：概述既往研究。注意引文的使用。

106

所谓"专家病人"（expert patients），即一些人通过治疗改善了自身健康状况后，也在帮助他人进行治疗，并成为非专业医务工作者（Kyakuwa et al., 2012; Schneider et al., 2006）。然而，正如个人的疾病经历可以赋予这些（广义上理解的）医者特殊的权威，它也可以产生深刻的去正当化效应（delegitimizing effect）。在我所研究的埃塞俄比亚医院中，在面对其他病患时，那些被聘为护士助理的未痊愈患者并未公开自己的病史，因为她们担心其他病患会因此拒绝接受自己的治疗，尤其是注射。尽管这些女性认为自己的患病经历对提供护理服务大有裨益，但她们同时觉得公开这些经历有可能损害她们在病房中的医疗权威。

> 第3步：这项研究将探讨：当患者成为其他患者的非专业医者时，他们可能会如何认识自己的不合法行为。

在本文中，我将对埃塞俄比亚一家瘘管病医院内的治疗权威进行民族志和分析性研究。以这些埃塞俄比亚护士-患者为例，可以对全球临床环境中生物医学权威的建构产生新的见解，并探究一个没有被充分研究的方面——患有慢性病意味着什么。除对医疗社会化的研究（Good and Good, 1993; Lief and Fox, 1963; Wendland, 2010）和最近几项基于医院的民族志研究

> 第4步：这项研究有助于了解在生物医学环境中，非专业医护人员的权威是如何建构的。

（Livingston, 2012；Street, 2014）之外, 医学人类学家的大部分注意力都集中在那些接受治疗和照顾的人的生活和过往经历上, 而不是那些在临床环境中提供这些服务的人。同样, 有关慢性病的文献大多以患者为中心, 主人公是某个患者, 而不是医者（Estroff, 1993; Garcia, 2010; Jackson, 2005; Manderson and Smith-Morris, 2010）。在当代治疗学中, 那些因自身病情而既是受护理者又是护理员的人, 很少会受到人们的关注。在本文中, 我通过研究护理员的病痛经历如何影响日常临床动态, 为慢性病研究增添了新的视角。

> 回到第2步和第3步, 指出一组具有相同局限的研究, 并确定本研究将填补的空白: 理解同时具备护士和患者身份的医护人员的经历。

2010年和那之前的几个夏天, 在埃塞俄比亚的两个临床医院中, 我对产科瘘管病的身体、宗教和社会层面及其治疗方法进行了民族志研究。产科瘘管病是一种由于长时间难产造成的产妇分娩损伤疾病, 无法通过紧急医疗干预（如剖腹产）来缓解。卡住的胎儿在母亲的骨盆组织上长期压迫, 这会使母亲的膀胱和直肠壁上形成一个洞, 进而导致母亲大便或小便失禁, 有时甚至是同时大小便失禁。在多天的分娩折磨中, 婴儿几乎无法存活。在医疗资

> 第5步: 作者介绍了她的研究方法, 包括在埃塞俄比亚所做的民族志研究。

源完备的国家，产科瘘管病极为罕见，但在全球南部地区，约有 200 万妇女患有产科瘘管病，其中大部分生活在撒哈拉以南非洲地区。埃塞俄比亚各地的瘘管病专科医院都是由非政府组织"哈姆林瘘管病国际组织"管理的，妇女们可以在这些医院接受免费手术，尝试修复其损伤，并恢复大小便的功能。我在巴希尔达尔地区的瘘管修复中心进行了大部分研究，巴希尔达尔是埃塞俄比亚西北阿姆哈拉地区的首府。

引言写作的检查清单

√ 引言是否明确宣布了主题并解释了其意义？引言应首先简要介绍主题，或许可以使用既有文献中的相关定义，以足够清晰的方式让不熟悉该主题的读者能够了解本研究的整体情况。引言是否以问题或难题为导向？

√ 引言是否清楚地概述了既往研究？引言应对相关的既往研究进行有目的的回顾。

√ 引言是否明确包括问题陈述？引言应明确指出既往知识中遗漏的信息和空白领域，或应达到的研究要求。

√ 引言是否清楚地解释了目前的工作对既往研究的贡献？引言应说明你已收集到的证据种类，并解释这些证据对回答更广泛的研究问题有何价值。换句话说，通过该研究，我们知道了什么以前不知道的东西？

✓ 引言是否清楚地表明了每一点对应哪一步？

✓ 对于批判性研究论文，引言中是否适当描述了研究方法？

109　　关于引言，需要记住的一个要点是，引言是路线图，而不是游记。理想的引言应简短精练。在这一阶段，要克制住告诉读者一切的冲动。另外，如果你的文章已经写到第三页或第四页，而读者仍然不知道你的研究问题，那么请回头重写引言。

撰写正文

好的初步论题和有力度的引言应能初显论文正文的结构。与本章后面要讲的 IMRD 论文不同，在批判性研究论文中，你需要通过自拟子标题来告知每个部分的内容。也就是说，不是直接以"引言""正文"和"结论"为标题，而是要使用能概括各部分的主题的子标题。例如，《"这不是列队表演，而是抗争游行"：玻利维亚和阿根廷街头的互文性、引用和政治行动》（"'This is not a parade, it's a protest march': intertextuality, citation, and political action on the streets of Bolivia and Argentina"）一文使用了四个子标题：

- 互文性、政治仪式和政治行动
- 以物理形态表达的政治能动性
- （感官）互文性与抗争戏码
- 引用、互文性与意义的共同建构

请注意，上面的大多数子标题不仅与文章题目中的关键词相呼应，而且还介绍了每个部分新出现的关键主题。

由于每篇批判性研究论文都不相同，因此没有一个简单的公式可以计算出一篇论文应该具体包含多少个部分，或每个部分应该有多长，但一般来说，一篇论文包含三个到五个主体部分，每个部分有三个到十个自然段的文字。图表、照片和其他视觉资料将适当地穿插在各个部分中（请务必为每个图表、照片和其他视觉资料配上说明）。

正文的大部分内容将包括回顾文献，这意味着第四章中提及的几乎所有策略在此处都适用。因此，在撰写正文时，请复习第

引入反论点

有时，学生认为如果指出论点的不足之处，就会削弱论点。在学术写作中，情况恰恰相反。老练的作者会提出与自己的论点相反的观点（即反论点），用以描述问题的另一面或对资料的其他解释［即让步论证（concessions）］，并承认自己研究的局限性。你可以在引言部分或任何正文段落中这样做。此处，当需要在论文中标记与另一位作者相矛盾的观点时，你可以使用第六章"过渡词的用法"那一部分中描述的过渡词。

此外，你还有如下选择：

这看似/似乎/仿佛/就好像/……［在此处陈述反论点］。

> 反对意见包括/其他批评者声称……［在此处陈述反论点］。

让步论证意在表明：反论点对自己的论证的推进作用。典型的让步论证常用"虽然……可能是真的，但是……"的陈述形式，在这种陈述中，你可以用"尽管如此……"的反驳表达来结束句子，以强化自己的立场。

此外，你也可以采用这些表达：

> 即便……可能……
>
> ……的案例固然……
>
> 诚然……但是……

四章。如果在如何组织各部分上遇到困难，你会发现"组织正文的三种方式"那一节特别有用，但请注意，在批判性研究论文中，应该用你的论点来推动文章的谋篇布局，而非文献的回顾。

以有力的结论收尾

有些学生认为结论只是重申论题和总结全文，但结论所包含的内容不止于此。如果需要，你可以再次使用引言部分介绍的关键概念，并快速回顾你的主要结论，但也要考虑如下问题：

- 你发现了哪些模式？
- 这些模式为什么重要？这就是"那又如何？""所以呢？"的问题。（为了让你朝这个方向思考，请试着练习填写这个句子："这个论点对＿＿＿很重要，因为＿＿＿。"）
- 你能否将自己认真创立的论点与人类学中更广泛、普遍的人类特征（如冲突、道德、家庭或资源分配）联系起来？
- 你的论点或你的发现有哪些（实践、知识或伦理方面的）意义？
- 你在论文中所做的工作能否扩展到其他文本或环境中？
- 研究中还有哪些未解决的问题？研究又激发了哪些新问题？

事实上，在结论部分或段落，你完全可以抛出一两个问题。但最重要的是认识到，有力的结论并不是要试图结束对话，盖棺论定（因此，要避免使用"正如你所见，我已经无可辩驳地证明了……"这样的表述）。相反，结论应基于你在前面所做的论证，推动学术对话继续前进。

IMRD 报告

IMRD 报告格式（Introduction / Methods / Results / Discussion）是展示自然科学中完成了的研究最常用的结构。虽然此类论文具有公式化的结构，但很难撰写。你可能在生物学或心理学课程中用这种格式写过实验报告。与这些学科相比，人类学对 IMRD 格式的使用在结构方面并无不同，只是它仅仅是人类学写作的一种类型，而且并非主要类型。心理学和人类学有一些相似之处。它们的研究对象（通常）都是人类，这两个领域的研究者都对人类的思维以及研究对象如何思考、行动或表现感兴趣。不过，与人类学家不同的是，心理学家倾向操纵研究环境，以接近实验条件。心理学家有时会为了实验目的去创造一些情境来控制变量，然后让被试者身处其中，进而作出反馈。人类学家则倾向进行自然状态下的研究，而不是操纵变量或改变环境以适应研究所需的条件。

IMRD 研究报告包括三组文献综述：（1）在引言部分，提供主题和所研究问题的背景；（2）在方法部分（这个部分很小），引用曾使用过你用的方法的既有资料；（3）在讨论部分，回顾新知识，进一步将研究结果与其他观点联系起来。每个部分使用哪种动词时态都有约定俗成的规则，你可以在第六章"学术英语中的动词时态"一节中找到相关技巧。

你不必按照 IMRD 的顺序逐次撰写各个部分，事实上，有经验的作者很少会首先撰写引言部分（或者他们的引言写得比较粗略，因为他们知道需要以后再修改）。相反，大多数人会先写对他们而言最容易的部分——方法，然后是结果/发现，接着是讨论、引言和摘要。

方法部分的写作要领

从方法部分开始撰写原创性研究的报告是一个好策略，因为它最容易撰写：就是告诉读者你做了什么，以及你是如何做的。如果方法部分呈现的过程细节模糊不清，比如缺乏一系列清晰的步骤，或不清楚谁在做什么，那么它就是不成功的。比如，如果文化人类学家只说自己进行了"参与观察"，而未详细说明"时间、地点、人物、事件"，尤其是"如何"进行研究的过程，那么这样写的方法部分就是有欠缺的。一个有力的方法部分应该清晰地描绘出研究环境或地点的图景，明确表明研究的人群或抽样策略，准确陈述调查或访谈中提出的各种问题。如果使用了一种以上的方法，每种方法都应明确地致力于回答研究问题的一部分。如果别的文献所用的方法对你使用的方法提供了启发，那么一个出色的方法部分还应提及（并引用）这些文献；如果你是修改、化用了某种方法，这样做就尤为重要。在这种情况下，写作时你

> 大多数有经验的作者在撰写 IMRD 报告时，往往会先写方法部分或结果部分。因此，在本章中，我们先介绍方法的写作技巧，然后讲结果和讨论的写作，最后才讲引言和摘要的写作。可以考虑把引言和摘要放在最后撰写。

就必须解释你修改的是哪种方法、做了怎样的修改，以及为什么这样修改，例如："我们采用了詹姆斯（James, 1988）提出的方法

的一种变体……"另外，把方法写在结果部分是一种常见错误。

简单介绍分析方法，如"本研究的数据采用了卡方分析"。要是存在数据缺失的情况，应在这一部分加以说明。如果作者希望结果部分更便于阅读，有时可以将结果和讨论部分合并。

下面是一个可供借鉴的优秀示例，是一篇研究性论文的三段式方法部分的第一段的开头几句。作者博埃里（M. W. Boeri）等人在论文中描述了他们在做药物使用研究时所用的民族志方法。

> 在我们所做的甲基苯丙胺在郊区的使用情况的民族志研究中，采用了特别适用于隐藏人群的研究的质性方法（Carlson et al., 2004; Lambert, Ashery & Needle, 1995; Shaw, 2005; Small, Kerr, Charrette, Schechter & Spittal, 2006）。收集的资料包括：(a) 参与观察的发现，(b) 药物史和生活史矩阵，(c) 深度访谈的录音。在一年的时间里，我们每周花至少20个小时进行田野调查，以熟悉研究对象的生活环境并与社区建立联系（Agar, 1973; Bourgois, 1995; Sterk-Elifson, 1993）。在受访者的招募上，本研究采用目的抽样、滚雪球抽样和理论抽样相结合的方法（Strauss & Corbin, 1998; Watters & Biernacki, 1989）。

虽然这段摘录很简短，但从中也可以明显看出作者们是自信满满的民族志学者，因为他们详细而明确地介绍了他们用来探究他们的研究问题的方法，而且他们所研究的问题，在第一个句子的前半句就已一览无余。

方法部分主要描述的信息包含：样本量、选取参与者的策略（你是如何招募他们的）以及收集资料所使用的方法、工具或措施。该部分还需介绍你对资料所做的所有统计分析。在介绍你如何分析资料时，切勿草草了事，而是尽可能详细地描述所有步骤。如果你使用了任何特殊的分析软件，也须提及（请注意，并非所有人类学家都认为质性研究中应该使用分析软件；软件应该是一种工具，用来促进人类学家的分析，而不是去取代人类学家的分析）。在质性分析中，请让读者了解你处理资料的整个过程。你是否反复阅读了访谈记录？你是否编制了编码手册，并寻找访谈中符合这些编码的模式？

结果部分的写作要领

结果部分的前一段或两段是对资料的总结，如参与者的人口统计特征、工具测量的内容、用百分比描述的问卷调查结果或多元分析。多数分析最终都会成为中间步骤，用以更清晰地回答研究问题，因此不必将所有数据和计算都呈现在结果部分。

对于定性研究来说，结果部分所写的内容很难有一个相对固定的模板，《定性研究报告统一标准》（Consolidated Criteria for Reporting Qualitative Studies, COREQ）可以提供有价值的帮助。它是一份包含32个项目的清单，为基于访谈和焦点小组的定性研究报告提供了"最佳方法"。这份清单原本对标医疗提供者，旨在帮助他们撰写访谈和医疗资料，以用于发表。尽管就定性研究的广泛性而言，其内容较有局限，但它为结果部分的写作提供了一些可供借鉴的结构，并提醒研究者避免一些不必要的遗漏。

展示数据：图表、线图还是地图？

你可能已经用科学方法对数据进行了分析，但如何行之有效地将研究结果视觉化呈现却是一门艺术。图和表的目的是帮助读者理解你的数据。尽管制作图表可能比较花时间，但还是有一些节约时间的技巧，下面是一些制作图表时应避免出现的情况：

- 线条或颜色过多。
- 符号混乱。
- 单个图表中的数据过多。
- 文字过于拥挤。

就表格中的信息而言，纵向阅读比横向阅读更容易进行比较，故而应将纵列作为因变量，横行作为自变量。每个可视化数据图表都应该有一个描述性的标题和有用的标签。使用颜色有助于突出比较，但颜色过多会分散注意力。不要同时使用红色和绿色。当红色和绿色相邻时，它们会形成鲜明对比；此外，患有红绿色盲的人将无法区分这两种颜色。饼状图一般不太受欢迎，这是因为切片之间的大小差异很难辨别，而一些趋势也可能由此被掩盖。事实上，越来越多的人反对在做可视化数据时使用饼状图。

下表介绍了不同类型的图片，并就如何让读者更容易理解这些图片提出了建议：

可视化数据图表	目的	应该	不应该
表格 (Tables)	比较数值	使用阴影、加粗和留白	在表格的一个单元格中包含多个值
条形图 (Bar charts)	用高度或长度表示相对差异	为使数据易于理解，条形的数目要恰到好处	在条形上叠加线条
散点图 (Scatterplots)	显示相关性，即两个变量（横轴和纵轴）与点之间的关系	使用趋势线来显示点的大致方向	仅仅为了使图表漂亮而使用颜色
线状图 (Line graphs)	将数据点连成线以显示趋势	尽可能让标签靠近图表上的线条	在图表中加入额外的线条
直方图 (Histogram)	显示数据的分布	使用有意义的、大小相等的基准柱	使用直方图表示类别（应该使用条形图表示类别）
地图 (Maps)	显示地理空间上的频率	使用颜色或阴影显示变化	在图表中包含过多信息
流程图 (Flow charts)	从头到尾描述一个过程	使用一致的形状和箭头	从右到左或创建环形路径，使图表难以追踪

讨论部分的写作要领

讨论部分就是解释你所获得的结果。你要解释资料**显示**、**证明**、**支持**或**说明**了什么。在讨论中，要关注你所拥有的资料，而不是你没有的资料。一般而言，讨论部分应包含以下信息：

- 研究发现的总结。你还应该复述研究问题。通过解释和复述,有助于读者记住你想重点强调的内容。
- 该研究的优点。
- 该研究的局限性,包括潜在的偏差来源、测量误差、不精确的工具/措施。不过,在这一部分不要过于追求完美,每项研究都有缺陷。
- 研究发现的可推广性。
- 研究发现对未来研究、实践或政策的影响。

记得,如果是以检验假设为目的的定量研究,还应在讨论部分说明结果是否支持你的假设。

建议进一步考虑以下问题:

- 研究结果与目的有何关联?
- 有无有趣的意外发现?
- 研究发现的有效性和可推广性如何?
- 研究发现是否具有更宏观的意义?
- 是否有其他解释研究结果的方法?
- 研究结果是否引发出新的问题?

引言部分的写作要领

在引言部分,我们需要确定研究主题的框架,以及如何将其纳入更广泛的研究领域。为什么要开展这项研究?为什么我们需要有关该主题的更多信息？有时，这被称为我们科学知识中的"空白"。科学并不一定非要用新的研究来填补空白；相反，请思考你的研究可以作出哪些贡献，以及它如何能建立新的联系。这些新信息对我们将来的研究有何帮助？引言至少要有一段，但更多是几段，它可以包括研究目的、问题陈述和调查目标这几项内容中的几项或全部，其常见表达为："本研究的目标是……"或"我们的目的是……"。引言中也包括对研究设计（有时也可称"研究策略"或"方法"）的描述。如果你运用了特定的理论或概念，或者其他任何你打算使用的定义，则应在引言部分对其进行解释。这就是所谓的操作化（operationalization），包括将复杂现象或抽象概念转化为可观察和测量的具体指标，比如利用脆弱性和恢复力等变量来分解和衡量像气候变化这样的复杂现象，而这些变量本身又可以利用其他变量来衡量。

以下是尼尔森及其同事发表在《美国国家科学院院刊》（Proceedings of the National Academy of Sciences，PNAS）上的《气候挑战、脆弱性与粮食安全》("Climate challenges, vulnerabilities, and food security"）一文的引言部分和方法部分。请注意，《美国国家科学院院刊》有一个惯例，即文章的第一节不以"引言"为标题。还有，该刊物对并非作者原创的概念都标明其发明者（有关引文的更多信息，请参阅第七章"注明引文来源"）。

管理灾害，尤其是由气候引起的灾害，需要将降低脆弱性作为减少影响的重要步骤（1-8）。暴露于环境风险中只是潜在灾

问题陈述

害的一个组成部分。社会、政治和经济进程在决定灾害的规模和影响的种类方面发挥着重要作用（1,8-12）。"自然灾害引发的灾难不仅仅受灾害事件（波浪高度、干旱强度等）的量级和频率的影响，还在很大程度上取决于受灾社会及其自然环境的脆弱性"（参见 1,p. 2）。因此，灾害规划和救灾减灾应解决脆弱性问题，而非在灾害事件发生后试图将系统恢复到以前的状态（6）。

我们在灾害管理中，利用记载北大西洋群岛和美国西南部文化和气候的相关考古学和历史学文献，致力于为日益强烈的降低脆弱性的呼声贡献力量。提出的问题是：针对气候不确定性，有没有方法可以帮助人们建立一种恢复力，以应对罕见、极端和有潜在破坏性的气候事件。更具体地说，我们想知道，在气候挑战到来之前，粮食短缺的脆弱性能否预示该挑战的影响程度。我们的目标是：评估人们当前对灾害管理的理解，并帮助大家了解如何改善粮食安全状况，以及如何降低气候挑战中的脆弱性。

我们对来自不同地区和不同文化传统的案例进行了分析，结果表明，罕见气候

> 研究贡献；研究目的

> 论证这项研究的重要性，以及为什么要以这种方式研究粮食安全问题

事件发生之前的粮食短缺的脆弱性水平与这些气候事件的影响之间存在密切关系。不同背景下的模式和细节支持了这一观点：脆弱性是不可忽视的。这些案例提供了一种长期视角，这种视角在灾害管理或人类与文化福祉研究中极少出现（例外情况，参见13和14）。这一长期框架使我们得以见证脆弱性与气候挑战背景下的变化，响应了进一步关注"人类安全如何随时间变化，特别是如何随多重变化过程中的脆弱性的动态变化而变化"的呼吁（参见10, p. 17）。

方 法

在本研究中，我们重点关注对粮食安全产生影响的气候挑战。粮食安全是《联合国人类发展报告》（United Nations Human Development Report）(15)（另见10）明确提出的七项人类安全之一，也是千年生态系统评估委员会（Millennium Ecosystem Assessment Board）(16)确定的人类福祉的核心组成部分之一。粮食安全指"在物质和经济方面获得基本食物"（参见15, p. 27）。与我们的视角密不可分的是粮食安全的多维概念，它既涉及食物的供应，也涉及食物的

> 该研究如何与粮食安全建立联系

获取途径（例如 17, 18）。正如我们在本研究中所明确的那样，人们获取食物的能力会受到结构性和社会性条件的限制（19, 20）。

我们使用脆弱性（vulnerability）这个概念来评估粮食安全应对气候挑战的恢复力（resilience）。恢复力是指一个系统在不丧失其特性的情况下吸收干扰的能力（21），以及在保持基本结构和功能的同时吸收扰动或冲击的能力（22, 23）。脆弱性是指"因暴露于与环境变化和社会变革相关的压力下，以及因缺乏适应能力而容易受到损害的状态"（参见 24, p. 268）。特纳（Turner）及其同事（9）认为，暴露、敏感性和恢复力是脆弱性的关键组成部分。我们的研究特别关注特纳等人提出的敏感性维度。我们研究了影响人们维持粮食安全的能力的条件，包括粮食供应和获取条件。面对气候挑战时的脆弱性受到制度结构的影响（23）（另见 11 and 25），这些制度结构不断变化，影响着人们规避粮食安全状况恶化的能力。

灾害管理者尤其关注脆弱性，因为他们认识到，脆弱性是导致干旱、洪水和极端寒冷条件等气候挑战成为灾害的先决条

> 在粮食安全和气候变化的语境中，脆弱性和韧性的定义

> 该研究的预期贡献

件，脆弱性正处于灾害发生的环境条件与社会条件的接合点（9，12，13，26）。我们的研究建立在以下论点的基础上：通过降低脆弱性，可以增强抵御气候（和其他）挑战的影响的恢复力（2-6，9，12）。然而，人们"倾向将风险谱（risk spectrum）指向越来越可能发生的灾难性事件"（参见14，p.8）。

研究设计简介

为了探索脆弱性、粮食安全和气候挑战的影响之间的关系，我们对长达7个世纪的社会条件和气候条件进行了量化。首先，我们在罕见和极端的气候序列中确定了13个事件。其次，对于每一次气候事件发生之前一段时间内的粮食短缺，我们量化了其脆弱性的程度。最后，我们明确指出了每次气候事件发生后的重大社会变革、粮食安全恶化，特别是粮食短缺的状况。我们将这些状况与每次气候挑战之前的脆弱性进行比较，借以思考脆弱性在气候挑战的影响中的作用。

上面的引言部分是一个很好的 IMRD 格式的示例，它的每个段落都有明确的目的，这些目的共同构建了一个论点，这不仅说明了该研究项目的科学依据，还展示了从 A 到 B 再到 C 推演论证的直接路径。有关撰写引言的其他策略，请参阅本章前半部分提到的"撰写有力度的引言"部分。

摘要部分的写作要领

摘要是对任何作品的简要概述，包括研究性论文、专著、会议论文或海报。摘要对研究者**极其**重要，因为简短而详尽的摘要可以帮助别的研究者快速判断你的研究项目与他们的是否相关，以及他们是否应该将你的研究纳入他们的文献综述。对于有经验的研究者来说，作出这样的决定通常只需要几秒钟，而一份好的摘要可以让他们的工作更为轻松。

有时，写摘要本身就是一项作业。做这项作业的目的是训练学生将文章提炼成200字到300字的概述。对于出版物，摘要可少至150字，有些会议要求摘要仅100字。

> "摘要"并不意味着"以抽象的方式写作"。我曾经有一个学生就这样认为，她的摘要与原文大相径庭，如果原文是关于"橘子"的，她的摘要就描述"苹果"。记住：摘要应概括全文，并抓住主旨。

典型的摘要应包含以下信息：

- 说明研究要解决的问题。
- 关于研究方法的简要而具体的信息，包括研究设计、样本量、测量方法和参与者（数量和类型）。

- 主要发现。
- 研究结果的主要影响和结论。

在自然科学学科和人文学科中，主要有两种类型的摘要，由于人类学横跨两种学科，故而人类学家需要同时具备写这两种摘要的能力。

第一种是**描述性摘要**（descriptive abstract）（用于研究性论文）。这种摘要很短，通常为100字至200字，描述研究背景和要讨论的主要论点。在陈述和理论框架的介绍中，你会看到"我论证"这样的表达，其目的是提出质疑或挑战。这种摘要主要出现在人文和社会科学领域，不过心理学例外，它在研究报告中倾向采用结构更为严谨的摘要风格。

下面是一个描述性摘要的例子，来自露丝·E. 图尔森（Ruth E. Toulson）在《人类学与人文主义》（Anthropology and Humanism）期刊上发表的文章《吃神的食物：人类学分析中的解释困境》("Eating the food of the gods: interpretive dilemmas in anthropological analysis")：

> 与精神病学诊断的病理化过程形成关键对立的是，人类学家将处于心理痛苦中的个体的行为解释为一种抵抗的形式。然而，我认为这样的分析往往基于反映生物医学分类的去人性化方式，事先预设了不安心理与社会生活之间的联系，而非追踪二者之间的关系。在本文中，我考察了新加坡一座寺庙里发生的一件让大家深感

忧虑的事：一名女性翻过寺庙的祭坛，吃掉了供奉给神灵的食物。我最初的分析策略是将她的行为解释为一种无声的反抗，是对父权制家庭和国家权威下生活现实的一种评论。然而，我自己的一次生活经历促使我重新审视这种解读，并反思为何我最初的分析忽略了她的人生经历。

> 有关在摘要和其他部分中使用动词时态的技巧，请参阅第六章中的"学术英语中的动词时态"一节。

请注意，这种摘要一般不会非常详细地说明具体的研究结果是什么，而是以一种开放式的方式结尾。这种风格的优点是读者可能会被吸引，从而愿意阅读整篇文章，缺点是读者可能需要读完整篇文章才能完全理解这项研究。

第二种是报道性摘要（informative abstract）（用于 IMRD 报告）。这种摘要的结构几乎不会给人留下想象空间。报道性摘要概括背景、问题、方法、主要发现以及结论或建议，而这些在论文全文中都将有更详细的描述。这种摘要中不会出现新的信息。另外，不同的期刊要求也有所区别，有的可能对摘要的结构有非常严格的要求，比如按照引言、方法、结果和讨论分为 4 段，而不是只有 1 段。

以下是《美国体质人类学期刊》（American Journal of Physical Anthropology）上发表的文章《黑条纹卷尾猴加工食物的机械特性中与年龄相关的变化》（"Age-related variation in themechanical properties of foods processed by Sapajuslibidinosus"）（Chalk et al.,

2016)的摘要,其内容是幼年卷尾猴的进食行为:

摘　要

　　目标:卷尾猴的饮食特点是每年或每季都摄入需要克服机械性保护才能获取的食物。卷尾猴对这些食物的依赖引起了人们对幼年卷尾猴饮食策略的疑问,因为它们缺乏获取这些资源的力量和经验。既往研究表明,成年卷尾猴和幼年卷尾猴的觅食能力存在差异。在此,我们假设与成年卷尾猴相比,幼年卷尾猴会加工韧性和弹性模量较低的食物,并对其进行验证。

　　材料与方法:我们提供了在巴西博阿维斯塔农场旱季期间,黑条纹卷尾猴加工的食品组织的韧性和弹性模量的变化数据。我们使用便携式通用机械测试仪收集了食品的机械特性数据。

　　结果:结果表明,卷尾猴加工的食物组织在韧性和硬度方面存在显著差异。然而,我们发现个体的年龄与食物的平均/最大韧性或弹性模量之间没有关系,这表明幼年卷尾猴和成年卷尾猴都能加工特性相当的食物。

　　讨论:尽管有人认为幼年卷尾猴会避免摄入需要克服机械性保护才能获取的食物,但与年龄相关的摄食能力差异并不完全是食物韧性或硬度的变化造成的。把涉及食物类型的其他因素（如学习复杂的行为序列、实现手的灵活性、获得举起石器的体力或识别食物状态的微妙线索）与食物的机械特性相结合，能更好地解释幼体摄食能力的差异。

虽然在阅读的过程中，摘要部分往往是最先被读到的，但如果是建议书或报告等篇幅较长的文件的摘要，则需要最后再写。专业撰稿人希望拥有尽可能广泛和庞大的读者群，或者拥有最合适的读者群，后者具体取决于目标受众。摘要应采用通俗易懂的语言撰写，并且只包含必要的专业术语。如果添加过多的专业术语或缩略语可能会让人觉得太过艰深晦涩，但适当地包含一些专业术语，则有助于同领域的读者更快理解你的主要观点。如果其他人使用相关专业术语查找文献，这也将有助于他们在搜索引擎和搜索系统中找到你的研究成果。利用搜索引擎优化法，你可以让自己的研究在结果列表上尽量靠前。

因此，在编辑摘要的最终版本时，请逆向思考：如果一个学者要搜索一篇与你的议题相关的论文，他会怎么做？他会使用哪些术语进行搜索？例如，假设你的研究是关于玛雅人家庭的性别结构，那么你应该在标题和摘要中使用以下关键术语：

- 家庭结构
- 亲属，亲属关系
- 玛雅人
- 危地马拉
- 性别

写摘要看似很容易,但大多数作者都需要反复修改几稿。如果你很难将摘要的字数控制在要求的范围内,第六章"表述应简明扼要"一节中的策略可能会对你有特别帮助。

第六章

完善文风

EDITING FOR STYLE

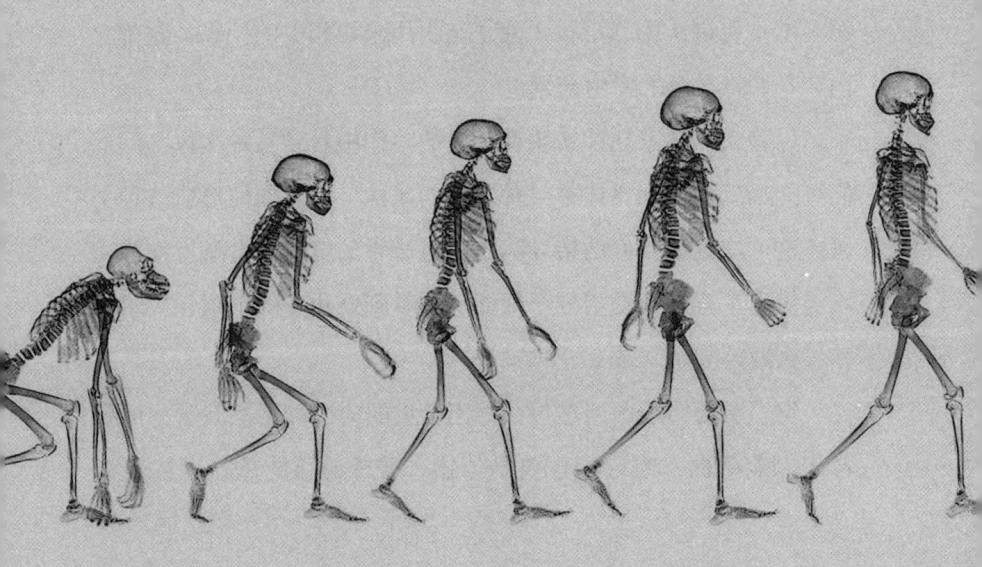

128　我认为自己是一个碰巧以人类学家身份进行写作的作家。

——克利福德·格尔茨

对几乎每一个人而言，写作都很困难，但通常你看到的是文采斐然的成稿，而不是之前杂乱无章的草稿。大多数学术写作——甚至是教授的写作——都至少要经历三个阶段（而且经常会更多）：一稿阶段，文章的想法和结构初具雏形；二稿阶段，大段的文字被添加、删减和移动；三稿阶段，力求用词恰当，删减多余的口头禅，完善过渡，并检查语法、标点符号和引用来源。本章将讲讲第三阶段（除了与引用来源相关的问题，这部分内容我们将在第七章中介绍）。

尽管人类学家往往希望在学生的写作中看到某种文风，但他们可能难以说清那具体是一种怎样的风格，以及如何形成这种文风。这可能会让我们的指导陷入进退维谷的境地，本章旨在为文风提供真正意义上的指导：你能从中看到要注意的事项，并学会该怎么做。

129　句子层面的雕琢当然包括修正常见的语法和用法问题，但我希望你能明白，雕琢不仅仅是纠错。雕琢的目的是让表述更清晰，是体贴你的读者——细心地考虑他们的需求，而不是让他们在杂乱无章的文字中茫然前行，同时也是向读者展示，你足够重视自己的作品，能够以专业的方式将其呈现出来。

文风还具有特定的学科特色。文风需要遵循人类学家作为一个共同体所必须采用的惯例，其中许多由该学科的核心知识和伦理价值观表现出来。从这个意义上说，严格遵循文体规范表明你理解并接受这些价值观——表明你是业内人士。

与此同时，人类学写作的种类繁多，所谓文风也就是说，你应在合理的学科界限之内，找到自己的表达方式，展现你自身的个性。本章不会特别强调个性，但就长远而言，你应该考虑发展属于自己的写作风格，其中一个方法就是先博览群书，模仿你欣赏的人类学家的写作风格。你一方面要遵循惯例，另一方面要发展个性，这就是雕琢文风的艰辛之处。

种族、族群性与特殊群体的表述

人类学家总能敏锐地意识到种族问题，比如科学中存在的种族偏见，或用于种族和族群性的描述词经常被交替使用（而且经常使用得不准确）。20世纪90年代，美国人类学协会（American Anthropological Association，AAA）发表了具体声明，反对把种族说成是由基因表型决定的（http://www.aaanet.org/stmts/racepp.htm），反对把智力说成是由种族的生物学意义决定的（http://www.aaanet.org/stmts/race.htm）。如果你撰写有关种族的文章，你应该从一开始就清楚地表明，你知道种族是一种社会建构的产物,而非生物学事实。有些学者用引号标记种族,如穆霍帕德海耶和摩西(Mukhopadhyay and Moses, 1997)在其文章标题《在人类学话语中重新确立"种族"》("Reestablishing 'Race' in Anthropological Discourse")中所做的那样;而另一些学者则使用**社会种族**(*social race*)一词来表示对种族的社会性解释。在撰写有关族群性的文章时,要注意族群性与身份、历史、语言、移民、国族建构和族群冲突之间的紧密联系。

在描述种族或族群时,使用主位的术语,即族群的自称,而不是其敌对者对他们的称呼。例如,"阿纳萨齐"(Anasazi)一词源自迪内(Diné)(纳瓦霍族,Navajo People)[①]对普韦布洛(Pueblo)人的称呼,他们用"阿纳萨齐"来形容普韦布洛人是"远古的敌人"。尽管你可能会在较早的文献中看到"阿纳萨齐"的用法,但在写作时,你应该使用"古普韦布洛人"(Ancestral Puebloans)而非"阿纳萨齐"。并非所有作者都能轻易接受这些变化。大卫·罗伯茨(David Roberts)不是人类学家,但他在写作中"勉强"使用了"古普韦布洛人"的说法,并认为这种改变是政治正确的一种转向,因为他认为,没有人知道古普韦布洛人的自称是什么。

在撰写有关族群的文章时,要尽可能准确。例如,如果你写的是多米尼加人(Dominicans),请使用"多米尼加人"这个特定的描述词,而不要使用"西班牙裔"(Hispanics)这个美式术

[①] 美国西南部的一支原住民族,为北美洲地区现存最大的美洲原住民族群,人口据估计约有30万人。迪内(Diné)是他们的自称,而"纳瓦霍"(Navajo)是西班牙人对他们的称呼。——译者注

语，它包括所有的拉丁美洲或西班牙族群/种族；也不要使用"拉美裔"（Latinos）这个术语，在美国它指与拉丁美洲有联系的人。同样，"中国人"（the Chinese）这一词语也有可能过于笼统。这个词是指所有中国人吗？它是指代一个民族还是一个文化群体？一种更精确的方法是删去定冠词"the"，转而将"Chinese"作为形容词使用，如"中国的参与者"（Chinese participants）或"参与研究的华裔美国儿童"（Chinese-American children who were part of the study）。

> 你可以在一个特别的地方——医学期刊——上找到有关种族和族群性的写作指南。为了总结研究参与者种族和族群背景，医学期刊《美国医学会杂志（JAMA）·内科学卷》[*Journal of the American Medical Association (JAMA) Internal Medicine*] 确定了相关原则：
>
> > 如果研究报告涉及种族或族群性，请在"方法"部分说明由谁对某类人进行种族/族群性分类，所分的类别，以及这些类别是由研究者还是参与者定义的。解释为什么要在该研究中评估种族或族群性。
> >
> > 当研究涉及按社会建构进行分类的群体，比如按种族/族群性、年龄、疾病/残疾、宗教、生理性别/社会性别、性取向等分类的人群时，作者应尽可能：

131

- 明确其对人类群体进行分类的方法;
- 在研究方案允许的范围内详细地对类别下定义;
- 说明选择使用相应定义和类别的理由,其中包括:例如,资助机构是否要求提供人群分类规则;
- 解释是否对诸如社会经济地位、营养状况或环境暴露等混杂变量进行了控制(如果是的话,还要说明是如何控制的)。

此外,过时的术语和可能造成污名化的标签也应改为更符合时代要求、更令人乐于接受的术语。例如"白种人"(Caucasian)应改为"白人"(white)或"[西]欧洲后裔"([of Western] European descent)(使用哪个视具体情况而定);"癌症受害者"(cancer victims)应改为"患癌病人"(patients with cancer)。

这些原则的真正有趣之处在于,它们内容很多,而且非常具体,告诉大家"白种人"这一术语已经过时。编辑们意识到对自我进行主位和客位描述之间的差异,人们对自己的种族和族群性的分类方式,可能与研究人员对他们的识别方式大相径庭。但是,分类并不局限于种族问题,编辑们还旨在确保受疾病侵袭的人不会被描述为受害者,就像对遭遇癌症、艾滋病、性侵犯或家庭暴力等情况的人而言,他们时常会被称为受害者。但实际上,将他们描述为患癌病人、艾滋病感染者(people living with HIV/AIDS,PLH)和幸存者可能更为妥帖。要小心对群体的标签化,因为参与者的个性和人性可能由此被湮没。又如,"精神分裂者"(The schizophrenic)

应写成"被诊断患有精神分裂症的人"(the person diagnosed with schizophrenia)。总之,尽量使用中性措辞。

对于原住民(Indigenous peoples)和某些其他人群而言,一个术语可能对这个群体中的某一个人来说是可以接受的,但对另一个人来说却是冒犯的。在美国,"美洲土著"(Native Americans)是原住民的统称,而加拿大的本土居民则被称为"原住民"(Aboriginal peoples)。"第一民族"(First Nations)指的是在族群上既不是梅蒂斯人(Métis)也不是因纽特人(Inuit)的人。如果可能,请按报道人所属的部族注明人物,例如,"一名梅诺米尼(Menominee)女性",如果部族归属不详,则用"一名原住民女性"标记。假定你的读者群是丰富多元的,那么上述内容将有助于你反思:对别人而言,你选择的措辞可能有何意涵。

数字的表述

这个名词是复数还是单数?写作者往往不清楚这些问题,以下是正确的版本。

Singular(单数)	Plural(复数)
analysis	analyses
anomaly	anomalies

anomaly	anomalies
appendix	appendices
criterion	criteria
datum	data
hypothesis	hypotheses
phenomenon	phenomena
stimulus	stimuli

在英文中，"数据"一词的单复数形式，"datum"和"data"这两个单词可能比较复杂，因为"data"实际上是一个复数形式，但今天它既可作为复数名词，也可作为单数名词。在本书中，我一直将其作为单数名词使用："how data is obtained"，而不是"how data are obtained"。如对此有疑问，请在整篇文章中始终将其作为复数名词使用，并且不要忘记保持句子的单复数形式一致，比如，用"these data"而非"this data"。

无论你是从事定量研究还是从事定性研究，都需要能够自信地写出数字，而且越精确越好。

不要用表示"尺寸（规模）大小"的词来表示"影响力（重要性）大小"，例如，在表示**重要性**时使用表示尺寸（规模）的形容词［如"大"（big）］，会使你的文章显得不精确、不正式。

错误用法	正确用法
Ethnic conflict is a huge problem. 族群冲突是一个很大的问题。	Ethnic conflict is a significant problem. 族群冲突是一个重要的问题。

用"之间"（between）连接两个对象；用"之中"（among）连接三个及以上的对象，以及描述所研究的人口或群体，比如"在男男性行为者之中艾滋病毒的感染率"（HIV prevalence among men who have sex with men）。

错误用法	正确用法
I must choose between these alternatives: chocolate, vanilla, and strawberry. 我必须在巧克力、香草和草莓三种口味之间作出选择。	I must choose among these alternatives: chocolate, vanilla, and strawberry. 我必须在巧克力、香草和草莓三种口味之中作出选择。

在表述数量时，如果是 0 到 9 的单位数（digits）应该明确写出来，多位数可以插入文中，例如，"我们采访了 19 个家庭样本"。但是，如果开头位置需要用数字（如百分比），则应把英文数字拼写出来，也就是说，不要写"15 份调查问卷通过邮寄

统计的写法

以下内容节选自医学期刊《美国医学会杂志（JAMA）·内科学卷》（JAMA Internal Medicine，2016）的作者指南：

> 描述统计方法时要足够详细，以便懂行的读者能够访问原始数据来重复研究所报告的结果。如果有足够的男性和女性受试者的数据，则分析和报告应针对不同性别分别展开。
>
> 在"方法"部分对研究方法进行一般性描述。除了解释文章论点和评估论点的支持性外，尽量不要随意使用表格和图片。避免在统计中使用非技术性术语，应该使用诸如随机（random）（意味着随机化策略）、正态分布（normal）、显著性（significant）、相关性（correlations）和样本（sample）等术语。另外，还需要给统计术语、缩略语和大多数符号下定义。
>
> 如果你在撰写统计资料时遵循这些准则，就几乎不会遇到人类学专业的读者的质疑。如果你的读者包括统计学家，或其他对统计知识有所了解的人，那么对研究方法的一般性描述就尤为重要。

方式送达"，而应写成"十五份（fifteen）调查问卷通过邮寄方式送达"。除了数字，还可以使用其他词语来描述数量，并将更精确的数字放在括号中："几乎一半（48%）的参与者……"

公制单位如 g、kg、km、cm、m 等字母不大写，后面也不加句点。

第六章　完善文风

时间的表述

人类学家（以及历史学家和其他研究特定时间段的学者）对时间的书写非常讲究。对于旧大陆的考古学家来说，如果你研究的是生活在距今约 440 万年前的、已灭绝的类人地猿，那么相对而言 1.2 万年前发源的农业根本算不上那么久远；公元 1750 年左右开始的工业革命更算是非常晚近的事情。人类学家对历史和时间线有着悠远的认识，你也应该采取类似的历时视角。大而化之地将电脑甚至智能手机之前的时代描述为"很久很久以前"，会给人一种很空洞的印象。

根据子领域的不同，古人类学家和考古学家会使用各种不同的时间周期和纪年方法，这可能会让人感到困惑。在历史课上，你可能只见过以 BC 和 AD 表示的时间。BC 表示"西元前/公元前"（before Christ），AD 表示西元/公元（Anno Domini）[1]，即"耶稣纪年"，是拉丁语"Anno Domini Nostri Jesu Christi"的缩写，意为"在吾主耶稣的年代"。在伊斯兰世界，考古日期通常被表述为 BH（Before the Hejira，伊斯兰教纪元前）或 AH（After the Hejira，伊斯兰教纪元后），伊斯兰教纪元元年指的是公元 622 年，在公元 622 年 9 月，伊斯兰教的先知穆罕默德离开麦加。

---

[1] 此处对 BC 和 AD 给出西元前/公元前和西元/公元两种翻译，一方面是为了呼应本段提到的 BC 和 AD 说法的基督教语境；另一方面是为了与下文提及的 BCE（"before the Common Era，公元前"）和 CE（"Common Era，公元"）稍作区分。但在实际情况中，首先，BC 和 BCE 的纪元元年是一样的，都是耶稣基督的诞生年，亦即中文所说的公元 1 年；其次，二者对应的中文译法"公元"在字面上不包含宗教意涵，实现了考古学家创立 BCE 所意图达到的价值无涉。所以在译文中，除强调二者区别的地方外，它们都会被翻译为"公元"。——译者注

由于 BC 和 AD、BH 和 AH 都是宗教时间计量法，所以为了表示价值无涉，考古学家更倾向使用宗教中立的年代术语 BCE（"before the Common Era，公元前"）和 CE（"Common Era，公元"）。不过，鉴于这些纪年方法彼此对立，在决定使用哪种方法之前，最好还是向老师咨询一下。

BP[①]、BC、BCE 和 CE 总是跟在日期后面，如"3000 BCE"（公元前3000年）。AD 在年份之前，如"AD 302"（公元302年）。

避免使用这些开场白

当你写到时间时，要避免泛泛而谈。这些短语似乎特别受到作者的青睐：

自远古/历史/人类诞生以来	自人类在地球上行走以来
自古以来	从一开始
有史以来	很久很久
古往今来	千百年来

鉴于进化论，我们知道人类在时间之初并不存在，因此上面这些说法和类似的说法是不准确的。此外，也很难对人类进行跨时空的概括，没有人要求你非这样不可。开篇用一个句子来表述你的主题会好。如果你发现自己写的句子中有上述短语之一，请划掉它，

---

① BP 是 Before Present 的缩写，在考古学和地质学中为"距今年代"的意思，其中的"今"指 1950 年，换句话说，1950 年被定为考古学上的"今"。——译者注

然后仔细看看下一句：下一句可能更接近你的论文的真正主题。

另一个需要避免使用的陈词滥调是"在当今社会……"。

其他纪年单位/缩写	含义
kyr, kybp	thousand years before present 距今千年前
kya	thousand years ago 千年前
myr, mybp	million years before present 距今百万年前
mya	million years ago 百万年前
BCE	before the Common Era 公元前
CE	Common Era 公元
BP	before present (1950) 距今（1950 年）

你可能还需要注意表示时间的字母缩写是大写还是小写，因为小写字母表示的时间是通过放射性碳测算法得出的，反映的是放射性碳定年而不是公历年。

性别的表述

长期以来，人类学家强烈地认识到存在男女两种性别之外的其他性别,而且人类经验的性别化存在复杂性。由于性别是一个变化的领域,要不冒犯他人,恰如其分地使用代词或其他词语来区分性别并非易事。性别语言(gendered language)是偏向某一性别的语言。作为人类学研究者,我们有责任抵制语言中的不平等,认真思考我们所使用的代词,尤其像"mankind"等以男性为中心的词语,或按照字面意思来理解"all men are created equal"①等短语。考古学家K.安妮·派伯恩(K. Anne Pyburn)描述了考古学家为消除研究中的性别偏见的一些努力,在考古记录中,他们致力于革新关于女性的讨论框架,而不是让女性作为背景和附庸。

美国考古学会的《期刊文风指南》(*Journal Style Guide*)指出,该学会遵循1973年美国人类学协会关于性别包容性语言的声明,即"不鼓励使用男性第三人称代词,也不鼓励在提及非特定性别语义类别时,使用一般性的'man'。为了公平起见,最好在语法正确的结构中使用更全面的术语(如'one''person''humans''humankind''they')"。瑞典在其词典中加入了一个性别中性代词"hen",用来指跨性别者或性别未知的人。但英语中还没有出现

---

① 在历史上,不管东方还是西方在造字(或者词)时都存在过男性中心视角。在英语中,以 man 和 woman 为例,它们分别指男人和女人。但 woman 是 man 的派生词,man 这个词还表示"人"的意思,而 woman 就专指女人。《独立宣言》中的"all men are created equal"(人人生而平等)这句话便是一个例证。中文中也不例外,代词"他"的出现比"她"要早,最早"他"可以包含"她",因为古人认为女性不是独立的人,没有必要单独为女性再另造一个代词。第三人称复数代词"他们"既可以包括男人也可以包括女人。参见:谢元花,2002,《语言中的性别歧视及其社会文化内涵》,《湖北师范学院学报(哲学社会科学版)》(03),40—44;黄兴涛,2015,《"她"字的文化史:女性新代词的发明与认同研究》,北京:北京师范大学出版社。——译者注

这样的中性代词。"S/he""she/he"和"he/she"等表述法往往让读者厌烦,因此最常见的惯例是将代词和前置词都变成复数。在英语语法中,人们的共识是性别不止两种;将"they"①作为一个不分性别的单数代词,这种用法越来越为人们所接受。

例如,不要这样表达:

Every good writer should know how he can convert pronouns to the plural. [correct in singular-plural consistency but *not* gender-inclusive]

对每个优秀的作家而言,他都应该知道如何把代词转换成复数。[主谓单复数一致,但性别代词的使用不正确]

也不要这样:

Every good writer should know how he or she can convert pronouns to the plural. [correct in singular-plural consistency but indicates the two-gender dichotomy and is also clunky when read aloud]

对每个优秀的作家而言,他或她都应该知道如何把

---

① 在中文语境中,严格而言,"they"对应的含义并不是中性代词。具体而言,根据前文主语的不同,"they"会被翻译为"他们""她们"或"它们",但当主语指涉的对象同时包含男与女或人与非人时,它则会被优先翻译为"他们"。故而,"他们"并非中性代词。在中文中,"其"是一个较为常见的中性代词。大家也可以想一想,除"其"之外,中文中还有哪些中性代词?——译者注

代词转换成复数。[主谓单复数一致,但表明了性别的二分法,朗读时也显得拗口]

尝试这样表述:

All writers should know how they can convert pronouns to the plural. [correct in singular-plural consistency, gender-inclusive, and much less clunky]

所有作家都应该知道如何将代词转换为复数。[主谓单复数一致,没有性别偏见,表达精简]

这些都是简单的修改,实际上对作者而言更容易操作,而且也有利于促进性别平等。

140 以下是英文中的常用名词及其中性替代词的列表。

性别名词	中性名词
man	person, individual
freshman	first-year student
co-ed	student
mankind	people, humans, human beings, humanity
manmade	machine-made, synthetic
the common man	the average (or ordinary) person
to man	to operate, to cover, to staf

chairman	chair, chairperson, coordinator
mailman	mail carrier, letter carrier, postal worker
policeman	police officer
steward, stewardess	flight attendant
congressman	congress person, legislator, representative
Dear Sir:	To Whom it May Concern: Dear Editor:, Dear Service Representative:, Dear Committee Members:

我曾见过学生在称呼男性作家时，用姓来指代；而在称呼女性作家时，用名来指代。更恰当的做法是：不分性别，用姓氏和头衔来称呼所有研究人员。

"I"（我）的使用

美国学生从高中到大学颇为信奉的一条"规则"是："在学术写作中绝不使用'我'"。这条圭臬简单易记，它通常源于一种恐惧，担心使用"我"会让文章内容更像是个人主观意愿的宣泄，而非客观事实的分析，但在学术生活中，这条规则根本站不住脚。在各种学术领域（包括人类学）发表的文章中，学者们经常使用"我"或"we"（我们）。例如，顶级科学期刊《自然》（Nature）的作者指南建议作者用"Here we show"（我们意在说明）这个表述作为论文结论部分段落的开头。

在社会科学文章的引言部分，你会经常看到"I argue"（我主张）、"I present"（我提出）、"I begin"（我开始）、"I use"（我使用）等表达。在写心得报告时，学生经常会在句首使用"I think"（我认为）和"I believe"（我相信）。这些都是很好的起句方式——它们是表达你的观点和保持主动语态的方式——但过度使用这些"元话语"（metadiscourse）会削弱你的可信度，让你好像是在急切地恳求。这一点与女性尤其相关，她们在交流中往往比男性更倾向使用"元话语"，频繁使用"我认为"和"我相信"可能会被解读为恭敬过度。由此可见，代词虽小，却很有力量，所以我们要准确地使用代词。

下面是一位作者生硬地避免使用"I"（我）的例子：

> While reading the article, "Unpacking the Invisible Knapsack II: Sexual Orientation", the authors cited many daily effects of straight privilege that unfortunately seemed quite true. Many statements that were made by the heterosexually-identified Earlham College students were aspects of daily life that "straight" people take for granted. After reading the article some statements seemed extremely bothersome to me.
>
> 在阅读《打开隐形背包Ⅱ：性取向》一文时，作者列举了许多异性恋特权的日常影响，不幸的是，这些影响似乎都是真实的。在厄勒姆学院，学生们的许多日常生活言论所表现出的都是"异性恋"者认为理所当然的事情。读完这篇文章后，有些说法似乎很困扰我。

这一例句中，作者多次生硬地避免使用"我"。第一句涉及"垂悬分词"[①]（dangling participle），因为主语应该是"我"，即这个阅读的学生，而不是"作者"。这个句子可以修改为"While reading the Invisible Knapsack, I noticed that the authors cited…"（在阅读《隐形背包》时，我注意到作者引用了……）。最后一句可以改为"I was bothered by"（我对……感到困扰）。

下面两个例子都用了"我"来作出有力的陈述。但第二个例子更好，因为它用"我"用得更少。虽然第二个句子更长，但其中包含了有关作者论点的更多细节。

Good: In this paper I will analyze Fernea's fieldwork methods as well as the role of religion in Islamic society. I believe that Fernea gave a very accurate and detailed portrayal of life in El Nahra, and I will show how religion plays a very important role in social organization and control especially towards women.

好的表述：在本文中，我将分析费尔内亚的田野调查方法，以及宗教在伊斯兰社会中的作用。我认为费尔内亚非常准确、详细地描绘了埃尔纳赫拉的生活，我还将说明宗教在社会组织和控制（尤其是对女性的社会组织和控制）中扮演着非常重要的角色。

[①] 垂悬分词（Dangling Participles）是英语语法中的一个现象，指的是分词或分词短语在句子中作状语时，其逻辑主语与主句的主语不一致的情况。——译者注

Better: She acquired a unique perspective of the role of females in a patrilineal Shiite tribal society and thus, I believe Elizabeth Warnock Fernea's ethnography, *Guests of the Sheik*, provides substantial evidence that the laws of Purdah create a functional and many times beneficial lifestyle for the women of El Nahra, and establishes them as the foundation for the sustenance, stability, and continuation of society.

更好的表述：伊丽莎白·沃诺克·费尔内亚寻获了一个独特的视角，即女性在父系什叶派部落社会中的作用，因此，我相信她的民族志《酋长的客人》提供了实质性的证据，证明了"深闺制度"这一法规为埃尔纳赫拉的女性创造了一种实用的，甚至在很多时候是有益的生活方式，并且，这一法规还促使她们成为社会得以长治久安的基础。

表述应简明扼要

简明扼要就是要选择最有力的词语，写出精练、清楚的句子。下面的句子在语法上是正确的，但用了很多不必要的词。面对这样的句子，一个好的做法就是先划掉所有无关紧要和语义重复的词汇：

第六章 完善文风

~~Among the many ways that~~ one can illustrate and show cutting wordiness ~~and improving concision is~~ by simply using the crossout tool ~~of this word processing program~~ to show how many ~~needless and~~ unnecessary words can be cut by a careful editor ~~who scrutinizes the text~~.

在多种用来说明和展现如何删减冗长的文字和提高简洁性的方法中，我们只需使用这个文字处理程序的画线工具便能说明如何精练文字，并借此展现一个细心审阅文本的编辑可以删减多少不必要和多余的字词。

但不要就此止步。还要考虑能否通过重新排列句子的某些部分，从而使段落更加简洁：

To illustrate just how many unnecessary words a careful editor can cut, one can use the crossout tool.

为了说明细心的编辑可以删减多少不必要的字词，我们可以使用画线工具。

下面这些方法也可以帮助你让句子更为简洁：

- 大声朗读你的句子，注意你在哪些地方接不上气、卡顿或磕磕绊绊。重新检查这些地方，试着把想说的话说得更简单明了。
- 删除无意义的词语，比如 actually（确实）、kind of（有点)、really(真正地)、quite(相当)和重复的词语,比如 true and accurate(真实的和准确的)、first and foremost(首要的和最重要的)、basic and fundamental(基本的和根本的)。

- 删除赘词,如 ~~future~~ plans(~~未来的~~计划)、~~true~~ facts(~~真实的~~事实)、~~free~~ gift(~~免费的~~礼物)、~~each~~ individual(~~每个~~个体)、~~final~~ outcome(~~最终的~~结果)、red ~~in color~~(红的~~颜色~~)、large ~~in size~~(大的~~尺寸~~)、~~the field~~ of anthropology(人类学的~~领域~~)。

- 用更好(更短)的表述替换普遍(但做作)的表述:

替换……	换为……
Due to the fact that 由于……的事实	Because 因为
In the event that 万一发生……	If 如果
At the time of 在……的时间	When 当时
People working in the field of anthropology 在人类学领域工作的人	Anthropologists 人类学学者
At those times when you are going out to the field to do fieldwork 当你要去田野点做田野调查的时候	When doing fieldwork 当进行田野调查时

下面是一个学生写的冗长的句子:

第六章 完善文风

It may be a natural tendency for the Western mind to analyze the position of women in an Iraqi Shiite tribal culture and view the veiling and seclusion as repression rather than protection from strangers and their thoughts; or the act of consummating a marriage, in which the women look at the sheets for blood to determine whether the bride was a virgin, as invasive, rather than necessary to ensure the purity of a family's lineage. Such is the nature of ethnocentrism.

西方思想在分析伊拉克什叶派部落文化中女性的地位时，可能会自然而然地将头戴面纱和深居简出视为一种压制，而不是保护她们免受陌生人及其思想的伤害；或者将在女性完婚时，查看她们床单上的血迹以确定新娘是不是处女的行为视为一种侵犯，而不是为确保家族血统纯洁的必需之举。这就是种族中心主义的本质。

"may...analyze the position of women"（分析……女性的地位时，可能会）主语和谓语相隔太远。

分号的使用使句子长度加倍，但分号还不是真正的问题所在。

"Western mind"（西方思想）是宽泛而不精确的，因为我们不知道"西方"具体指什么。

由于"or"（或者）后面的内容与前面的内容在语法上不一致，因此存在平行结构上的问题。

When Iraqi Shiite women wear veils, seclude themselves, and inspect bed sheets to confirm a bride's virginity, some Westerners get insulted, but that seems to me ethnocentric.

当看到伊拉克什叶派女性头戴面纱、深居简出,甚至还需要通过床单上的血迹确认新娘的贞洁时,一些西方人从中感到侮辱,但在我看来,他们的观点似乎颇具种族中心主义。

在这种情况下(在多数场合中亦然),将句子从被动语态转换为主动语态会使其更加简洁。

主动语态、被动语态的用法

你可能听说过"不要使用被动语态"这条规则。在被动语态中,主语在接受动作,做事情的人和事情的内容就会没那么清楚。包含"to be"动词——is、are、was、were、be——的句子通常是被动语态。

Passive: A grant proposal to the National Science Foundation was written by us.

被动语态:一份致国家科学基金会的资助申请书被我们撰写。

Active: We wrote a National Science Foundation grant proposal.

主动语态:我们写了一份国家科学基金会资助申请书。

Passive: Semi-structured interviews were conducted with participants.

被动语态：对参与者的半结构化访谈被实施。

Active: I conducted semi-structured interviews with participants.

主动语态：我对参与者进行了半结构化访谈。

Passive: It is believed by the Warlpiri people of Australia that each Ancestral Being is connected to a geographic territory.

被动语态：每个祖先都与一个地理区域有关，这一观念被澳大利亚瓦尔皮里人所信奉。

Active: The Warlpiri people of Australia believe that each Ancestral Being inhabits a geographic territory.

主动语态：澳大利亚的瓦尔皮里人相信每个祖先都居住在一个地理区域。

有些学生认为被动语态的句子显得更高深，或者更客观，但事实并非如此。当你不确定时，请使用主动语态，因为读者通常会觉得主动语态的句子更容易理解。英语的句子结构通常是主-谓-宾（subject-verb-object）①，因此，学习英语的大脑会倾向从**主**

---

① 中文亦然。——译者注

语／角色做某事的角度来思考，并在潜意识中期待主-谓-宾的句子结构。

特德洛克和凯普建议："在文稿中搜索每一个用被动语态写的句子（比如 The wonderful story was written by you.'这个精彩的故事是你写的'），问问自己这样写是否有充分的理由（比如，是为了在段落中增强句子结构的多样性）。如果没有很好的理由，就用主动语态重写（比如 You wrote the story that touched my heart.'你写的故事打动了我的心'）。"他们还指出了读者偏爱主动语态的道德原因："这不仅使阅读更有趣，还促使读者在句中找出动作的'行动者'。"

不要顾虑使用 I（我）或 We（我们）来主宰你的写作。社会科学家，当然也包括人类学家，非常重视展现自己作为研究者的能动性，也非常希望自己能清楚地表明概念／变量之间的关系。从这个意义上说，主动语态不仅有助于读者的理解（并且，如前所述，有助于句子的简洁），也有助于学术写作的反身性。

动词的使用

或许比最好使用主动语态更重要的是：为每个句子找到那个**最准确**的动词。科学工作者往往会重复使用相同的单词和短语。马修斯夫妇说，"科学工作者写作时好像这个世界上只有七个动词，即：demonstrate（证明）、exhibit（展示）、present（呈现）、observe（观察）、occur（发生）、report（报告）和 show（表明）"。

当然，虽然我们还需要运用除此之外的更多动词，但在能够创造性使用更多动词之前，要先学会恰当地使用上面这几个动词。请记住，此类动词的主语往往是作者，而不是研究或论文本身：不是 The research found（研究发现），而是 The authors found（作者发现）。将文本拟人化似乎是很自然的事情，但不要把行动归因于无灵事物。

请看下面的例句，注意经过修改的句子中的动词如何更显主动，更加准确，更有指向性：

原句	修改后
This section is the literature review and the next one is about Foucault's theory. 这一部分是文献综述，下一部分是福柯的理论。	After reviewing the relevant literature, I challenge Foucault's argument by … 在回顾相关文献后，我通过……对福柯的论点提出质疑。

下面的清单有助于你扩宽动词的使用范围。如果你学会分辨这些动词（以及更多对你而言可用的动词）之间的区别，你不仅能更快地理解每项任务的要求，还能在自己的文稿中使用更准确、更有指向性的动词。

信息类动词

信息类动词是为了让你展示对主题的了解，如人物、事件、时间、地点、方式以及原因。

define（定义）——（根据人或事）写出主题的含义。有时，你必须就主题的含义写出不止一种观点。

explain（解释）——给出原因，或举例说明事情发生的过程。

illustrate（举例说明）——给出有关主题的描述性例子，并说明每个例子与主题之间的联系。

list（列清单）——按顺序排列事实、属性或项目。

outline（列提纲）——按照层次和/或类别进行组织。

research（研究）——从外部来源收集有关主题的材料，通常包括对所发现的材料进行分析的含义或要求。

review（回顾）——重新审视某研究的要点或重点。

state（陈述）——自信地断言。

summarize（总结）——简要列出你得到的针对该主题的重要观点。

trace（追溯）——概述某事物从早期到现在的变化或发展过程。

关系类动词

关系类动词帮助你说明事物之间的联系。

apply（运用）——使用你所获得的细节来证明某个想法、理论或概念如何能在特定情况下起作用。

cause（造成）——说明一个或一系列事件如何导致其他事情发生。

compare（比较）——说明两个或两个以上的事物何以相似

（或何以不同）。

contrast（对照）——展现两个或两个以上事物的不同之处。

relate（关联）——显示或描述事物之间的联系。

解释类动词

解释类动词让你为自己的观点辩护。使用此类词语意味着你不只是单纯地表达观点（除非作业有明确规定你这样做），而是用具体的证据为观点提供支持。记住课堂上或研究中的案例、原则、定义或概念，并将它们运用到你的解释中。

analyze（分析）——确定各个部分如何构成整体，或如何与整体相关；弄清事物的运行原理、深层内涵或重要价值。

主张（argue）、质疑（challenge）——选择一个立场，并用证据支持它，驳斥对立的立场。

assess（评估）——总结你对主题的看法，并用某些标准来衡量它。

critique（评论）——同时指出积极和消极的方面。

describe（描述）——展示事物的外观，包括物理特征。

discuss（讨论）——从各方面探讨一个问题；它意味着探讨的范围比较广阔。

evaluate（评介）、respond（回应）——举例说明你对所述主题的看法，无论是好是坏，或两者兼而有之，并说明理由。

interpret（解释）——告诉大家如何或为什么；它意味着一

些主观判断。

justify（证明）——关于某事如何为真，或为何是真的，给出理由或举例说明。

support（支持）——为你所相信的事情提供理由或证据（一定要清楚说明你所相信的内容）。

synthesize（综合）——将课堂上或阅读中没有整合过的两件或两件以上的事情放在一起。不要只是先概括一个，再概括另一个，然后说它们的相似或不同；而是要给出将它们放在一起的理由，并将这个理由贯穿全文。

学术英语中的动词时态

在英语中，动词的时态是一种微妙而重要的惯例，用于显示所报告的工作的状态。下表显示了在用英文撰写的研究计划或IMRD报告的一些特殊部分中，分别用哪种时态更合适（然而，具体的惯例可能因学术期刊而异）。

	研究计划	IMRD 报告
摘要	现在时**或**过去时，取决于摘要的类型	现在时或过去时
引言	现在时和过去时	现在时和过去时
方法	将来时	过去时
结果	无	过去时
讨论	无	现在时和过去时
结论	将来时	现在时，将来时

当一个事实已经公布时，使用现在时态，因为事实是既有的知识，并注明引源，比如：Anthropologists study language in its social context。

在描述某位理论家的观点时使用现在时，即使这位理论家已经去世，作品是过去写的，例如：Karl Marx insists that class struggles are connected to labor。

对于重复发生的事件，以及从过去开始并持续到现在的行为，使用现在完成时，例如：Anthropologists have studied language in this way for only the past two decades。

用过去时描述真实的历史事件，例如：Karl Marx published "The Communist Manifesto" in 1848。

用过去时讨论不能一概而论的结果。当某个资料中的某个发现非常具体时，使用过去时，因为这是一项已经完成的研究成果，例如：The hypothesis was confirmed by this research。

未发表的结果（如初步发现）使用过去时，例如：Preliminary findings identified discrepancies between the two tests。

用现在时向读者介绍图表，例如：Table 3 presents demographic information on the participants。

在讨论部分使用过去时总结研究结果或研究本身，但在归纳、描述研究意义和作出结论时使用现在时，例如：The purpose of this study was to explore individuals' attitudes toward religion.... Attitudes toward religion seem to be related to first childhood experiences attending religious services。

过渡词的用法

任何作者都会因反复使用同一个过渡语造成的单调重复而感到苦恼,优秀的作者应能够从丰富的过渡词或短语的词库中信手拈来。优秀的作者使用各种过渡词来丰富文风,更重要的是为特定的目的选择那个最准确的过渡词。以下是一些可用于过渡的选择。

用来补充或拓展想法的过渡词:

again(再)

even more(更)

furthermore(此外)

moreover(另外)

also(也)

finally(最后)

in addition(除此之外)

next(接下来)

and, or, nor(和,或,也没有)

first(首先)

in the first, second place(其一,其二)

second, secondly(第二,其次)

besides(除此之外)

further(进一步)

last, lastly(最终,末了)

too(还有)

用来表现对照的过渡词：

    at the same time（与此同时）
    in contrast（相反）
    notwithstanding（虽然）
    otherwise（否则）
    but（但是）
    nevertheless（不过）
    on the contrary（与此相反）
    though（即使）
    however（可是）
    nonetheless（尽管如此）
    on the other hand（另一方面）
    yet（然而）

用来阐明观点的过渡词：

    in other words（换言之）
    i.e., (that is)［即（亦即）］
    to clarify（为阐明，为澄清）

用来表示因果关系的过渡词：

表示原因	表示结果
Because（因为）	Accordingly 相应地
for that reason（由于这个原因）	as a result（结果是）
on account of（鉴于）	Consequently（因此）
since（由于）	Hence（所以）
	Therefore（因而）
	thus（故而）

用来表示结论的过渡词：

finally（最终）

in conclusion（总而言之）

in short（简言之）

in summary（总之）

to conclude（综上所述）

让行文更顺畅

采用准确的过渡语是提高行文流畅度的一个重要方法，但不是唯一的方法。如果读者能够很容易地在句子中的词与词之间、段落中的句子与句子之间、文章中的段落与段落之间建立联系，其便能轻松地理解你的文章所传达的内容。你还可以通过以下三种方式来提高行文的流畅度。

首先，在引言部分使用任务要求中的一些关键词。通过用一些相同的短语（注意，只是几个，而不是全部！），你就能以一种熟悉的方式唤起读者的共鸣，从而吸引读者。比方说，你的任务是写一篇影评：

> 在这篇论文中，你应把人类学应用到流行文化中。这个作业旨在让你运用课程概念对流行媒体进行想象、**识别和评介**。你可以讨论一部电影描绘了什么，也可以讨论这部电影是如何描绘的，也就是说，你可以讨论电影中描绘的文化，或讨论电影中展示的电影制作文化。

关于这篇影评，你可以这样开头：

导演詹姆斯·卡梅隆（James Cameron）因其《终结者》（*The Terminator*）、《泰坦尼克号》（*Titanic*）和《阿凡达》（*Avatar*）等广为流行的电影巨制而闻名，这些影片的总票房超过10亿美元。不过，此类电影往往重特效，轻剧情。特别是《阿凡达》——一部视觉上令人惊叹的电影，影片中，一名瘫痪的士兵被运送到一个外星世界，这个世界因人类寻找金属而受到威胁。虽然最初经历了文化震撼，但他成为纳美（Na'vi）人的参与观察者。最终，他不仅与纳美人共事，还成为他们与人类对抗的领袖战士。除了传达环保信息，影片	注意，文中使用了与任务题干相同的关键词。 注意对影片和电影制作人的赞美和批评的用法。

> 还通过对一个虚构的外星人物种（而这个物种实际上与北美原住民最为相似）及其困境的描绘，唤起了观众的同情与共感。本文识别并评介了故意将外星人设计得与人类相似的方式，除此之外，通过对纳美文化的描绘，还强化了对"他者"和"高贵的野蛮人"的刻板印象。

其次，从熟悉的旧信息推进到陌生的新信息。约瑟夫·M.威廉姆斯（Joseph M. Williams）在他关于学术写作的精彩著作《研究是一门艺术》(*The Craft of Research*）中开创性地让我们了解到，读者需要将新信息嫁接到他们的既有认知上——这种驱动力甚至在句子层面也起作用。这就意味着，作者在造句时应该从"熟悉的或简单的"信息向"陌生的或复杂的"信息推进。下面是一个简单的例子：

原句子	修改后的句子
Cultural anthropology, biological anthropology, linguistic anthropology and archaeology are the four major subfields. 文化人类学、生物人类学、语言人类学和考古学是四大分支领域。	The four major subfields are cultural anthropology, biological anthropology, linguistic anthropology, and archaeology. 四大分支领域是文化人类学、生物人类学、语言人类学和考古学。

这两个句子在语法上都是正确的，但前面的句子却给读者制造了不必要的麻烦，因为我们直到看到句末的内容，才能回头倒

推句子前面内容的意涵。最好把较简单/较熟悉/较常见的信息（"四大分支领域是……"）放在前面，这样就能为后面的内容提供框架。

原句子	修改后的句子
Moving simpler or more familiar information to the front of a sentence and more complex or "newer" material to the end of a sentence is something that can be done by writers to improve the readability of their sentences. Not starting sentences with long, abstract subjects is recommended by Williams as a way to improve flow, also. That humans learn by grafting new information to their existing knowledge schemas, which is a long-established principle of cognitive science, helps to explain why both of those style strategies for cohesion improve readability.	To improve readability, writers can move simple or familiar information to the front of a sentence and complex or newer information to the end. Also, Williams warns against starting sentences with long, abstract subjects. Both of these style strategies improve flow because people learn by grafting new information to existing knowledge schemas. This is a long-established principle of cognitive science.
将较简单或较熟悉的信息移到句子的前面，将较复杂或"较陌生"的材料移到句子的后面，是作者可以做到的提高句子可读性的方法。威廉姆斯还建议，不要用冗长、抽象的主题作为句子的开头，这样可以提高句子的流畅度。人类的学习方式是将新信息嫁接到既有的知识图式中，这是认知科学中早已确立的原则，这也有助于解释为什么这两种连贯的文体策略都能提高可读性。	为了提高可读性，写作者可以将简单或熟悉的信息移到句子前面，将复杂或较陌生的信息移到句末。此外，威廉姆斯还警告说，不要用冗长、抽象的主题作为句子的开头。这两种文体策略都能提高文章的流畅度，因为人们是通过将新信息嫁接到既有的知识图式中来学习的。这是认知科学中早已确立的原则。

经常问自己：我是否可以通过重新调整语序，使句子更符合读者实际处理信息的方式？在上面的例子中，修改后的句子遵循了"从熟悉到陌生"的原则。还要注意的是，作者将大部分句子转换为主动语态，使用了更准确的动词，并运用了简明扼要的技巧，这些在本章前面都有提及。

155　　最后，用相似的词语连接句子。为了让语句更流畅，在很多情况下，可以使后一句开头的词语与前一句结尾的词语相呼应。这个技巧有助于建立逻辑论证，并将段落中的观点连接起来。下面是一个例子：

> The **Immigration Act** of 1924 reinforced American nativist ideas by limiting the total number of immigrants to the United States through a permanent quota **system**. This **system** built upon previous **immigration acts** by reinforcing eugenic ideas that stated that some **ethnic groups** were better workers and less prone to undesirable hereditary traits than other **ethnic immigrant groups**. Potential **immigrants** from Asia were restricted from coming to the United States, and the quota system did not apply to other countries in the Western Hemisphere such as **Mexico** and Canada. **Mexico**, for example, provided inexpensive labor to the United States during World War I.

1924年的《移民法》通过永久配额制度限制移民到美国的总人数，从而强化了美国的本土主义思想。该制度以先前的移民法案为基础，强化了优生学思想，即与其他移民的族群相比，某些族群是更好的劳动者，不易出现不良遗传特征。来自亚洲的潜在移民被限制进入美国，且配额制度不适用于西半球的其他国家，如墨西哥和加拿大。例如，墨西哥在第一次世界大战期间为美国提供了廉价劳动力。

注意这段话中的粗体字是如何创建联系的。你应该不想在整篇文章中都延续这种步调一致的模式——那可能会让读者感到厌烦——但这种策略对于编辑那些让你感到不连贯或脱节的文字片段很有帮助，尤其是当你为如何让行文更有逻辑、更流畅而卡壳时。

平行结构

平行结构（parallelism）是指句子的对称和平衡，它反映了我们对逻辑和秩序的渴望。下面所有的句子在语法上都是恰当的，但左边那些违反平行原则的句子在文风上是敷衍的。

不平行	平行
To maintain parallelism in constructions is like fulfilling a contract with readers: They expect **consistency** and **sentences that are logically constructed**. 要保持结构的平行性就像是履行与读者之间的契约：他们期望前后一致，句子的结构合乎逻辑。	Maintaining parallelism is like fulfilling a contract with readers: They expect **consistently designed** and **logically constructed** sentences. 保持平行结构就像是与读者履行契约协议：他们期待文从字顺、逻辑严密的句子。

156

> To maintain parallelism is to fulfill a contract with readers: They expect sentence structures that are **consistent** and **logical**.
> 要保持平行结构就是去履行与读者之间的契约：他们期待连贯且严谨的句子结构。

这三个句子在语法上都是正确的，但只有右边的两个句子体现了对平行结构的理解。请注意，使句子更加平行的方法往往不止一种。

以下是需要特别注意平行结构的三种常见的写作情况：

Not Only...But Also（不仅……而且……）

确保在 not only（不仅）之后加上 but also（而且），而不是 but（但是）。此外，要使每个连接词后面的要素在句法上尽可能平行（完美的平行不是总能做到）。这个原则也适用于表达 either/or（要么/要么）和 neither/nor（既不/也不）的结构。

有待改善的平行结构	改善后的平行结构
Not only did the author learn about the men's feelings towards overconfidence and arrogance, but it was learned firsthand how an overconfident person is eventually deflated. 作者不仅了解到男人们对过度自信和傲慢的感受，还亲身体会到一个过度自信的人最终是如何泄气的。	The author learned not only about the men's feelings toward overconfidence and arrogance but also about how an overconfident person is likely to be eventually deflated. 作者不仅了解到男人们对过度自信和傲慢的感受，还了解到一个过度自信的人最终很可能会泄气。

The author learned not only about how men feel about overconfidence and arrogance but also how they end up deflated when they persistently express overconfidence.
作者不仅了解到男性对过度自信和傲慢是何种感受，还了解到他们在一味地过度自信后是如何泄气的。
The author not only surveyed how men felt about overconfidence and arrogance but also explained how those who persistently express overconfidence end up deflated.
作者不仅调查了男性对过度自信和妄自尊大作何感受，还解释了那些一味过度自信的人最终如何泄气。

重复从句（同位语从句）

本节开头的例子是重复从句的一个例证，下面是另一个例子：

有待改善的平行结构	改善后的平行结构
Until recently, researchers mistakenly believed that hunting was performed predominantly by men and gatherers were only women. 直到最近，研究人员还错误地认为狩猎主要由男性进行，而采集者只是女性。	Until recently, researchers mistakenly believed that men engaged mainly in hunting and women mainly in gathering. 直到最近，研究人员还错误地认为男性主要从事狩猎，而女性主要从事采集。 Until recently, researchers mistakenly believed that men hunted and women gathered. 直到最近，研究人员还错误地认为，男性负责狩猎，女性负责采集。

排比词语的平行表述方法

排比词语的表述应该比较容易把握，但很多粗心的作者却往往将其忽略，这令那些细心的读者很苦恼。请注意，系列的句子、系列的词语适用同样的原则。

有待改善的平行表述	改善后的平行表述
Sedentary humans can become more active by walking as much as possible, take up biking around the neighborhood, and run for aerobic exercise.	Sedentary humans can be more active by walking as much as possible, biking around the neighborhood, and running for aerobic exercise.
久坐不动的人可以通过尽量多走路、在附近骑自行车和有氧运动跑步来增加运动量。	久坐不动的人可以通过增多步行、周边骑行和有氧慢跑来增加运动量。
这里有几种方法可以改善你的表述： ● 主动语态 ● 使句子更简洁 ● 过渡完善 ● 平行结构	这里有几种可以改善你的文风的方法： ● 使用主动语态 ● 精简句子 ● 完善过渡语 ● 检查平行结构

平行结构兼顾了形式与意义，并形成了逻辑一致性，同时，它还能产生令人赏心悦目的节奏感和平衡感。

第六章 完善文风

句子和段落的长度

大概每一位人类学家都能说出五位爱用长句、醉心于行话导致文章难以卒读的学者。但为不得罪人,我们不会提及相关名字。

句子的长度对理解很重要:太长会让读者失去耐心,太短则显得稚嫩或傲慢。在大多数读者看来,一连串复杂的长句并不会给人留下深刻的印象,相反,他们会觉得这是一种负担。然而,如果你全部使用短句,读者很可能被短促的节奏惹恼,或者认为你的文风过于单调。马修斯夫妇建议,为了达到最佳的可读性,句子长度应为15个到20个单词。

不过,句子的丰富多样也很重要,因为句子的长短和种类有所差异,能让读者产生兴趣,并促使他们读下去。请看下面两段哈佛大学医学人类学和跨文化精神病学教授凯博文(Arthur Kleinman)的文章:

> My odyssey of academic and popular publication has been a search for a voice: a style of representing my ideas and projects that seemed original, enabling, comfortable, and authentic. That demanding and at times perplexing quest has taken me down dead ends, along streets that circle back on their origin, across unchartered intersections, through confusing neighborhoods where frankly I got lost, and also in more promising directions. In 1973 at the end of several

years of post-doctoral fellowship at Harvard, I published four articles which largely framed my career interests for the next quarter century. Those articles varied significantly in writing style because I found myself constrained by both theory and findings: pulled then in the direction of greater technical detail; pushed occasionally to present models in a more generalizable theoretical language; but not once finding the right balance or cadence or beauty. Indeed, I then distrusted prose that seemed either stylized or overly attractive.

Over the years, my style has gotten more spare. I use fewer adjectives. I emphasize active verbs. I am more comfortable with fewer nouns, and with ones that are the most concrete. I prune sentences more severely, and have learned to be less tolerant of long ones with compound thoughts and phrases. I feel less pressure to be comprehensive or complete, and more to be simple and direct, and to write in a coherent and compelling way. I always have written out by hand multiple drafts; maybe not the 15 or 16 that the late Susan Sontag somewhere claimed she wrote; yet more than one or two. The physical act of writing is pleasing, but also the only way I can think through things in depth. My first book, *Patients and Healers in the Context of Culture*, was 427 pages; my last, *What Really*

Matters, is 260 pages. My published articles are also more concise. At 67 years of age, perhaps I have less to say that seems original and useful; or maybe I have found a voice that is more disciplined, more contained.

在学术类和大众类著述的漫漫长途上，我一直在寻找一种表达方式：一种代表我的想法和研究的文风，一种看起来原创的、有效的、舒适的和真诚的文风。这一艰巨的，有时甚至是令人困惑的探索曾把我带入死胡同，让我沿着街道反复绕圈，徘徊于混乱的十字路口，穿过迷宫般的街区，坦率地说，在那里我迷失了方向，但也向着更有希望的方向前进。1973年，在哈佛大学做了几年博士后之后，我发表了四篇文章，它们在很大程度上奠定了我此后25年的职业兴趣。这些文章在写作风格上迥然不同，因为我发现自己同时受到理论框架和研究结果的限制：一会儿被拉往更多技术细节的方向，偶尔被逼着用更具概括性的理论语言来表述模型，但从未在其间找到过恰当的平衡、节奏或美感。事实上，我当时不相信那些看起来程式化的或过于活泼的文章。

这些年来，我的文风越来越简洁。我减少了形容词的使用。我重视用行为动词。我更加喜欢少用名词，用的话就用那些最具体的。我大力精简句子，也越来越难以容忍混合着多种意思和短语的长句。我不再强迫自己做到详尽或全面，更愿意简单直接，用清晰易懂、令人信服的方式写作。我总是手写几遍文稿，可能不像已故的苏珊·桑塔格在什么地方说的她会写十五六遍那么多，但绝对不止一两遍。写作中的这种体力劳动令人愉悦，但也是我能深入思考问题的唯一方式。我的第一部著作《文化语境中的患者与治疗者》长达427页，而上一部《道德的重量》只有260页。我发表的文章也更加简洁。我已经67岁了，也许我已经没有那么多原创的和有用的东西可说了；也许我已经找到了一种更严格、更克制的表达方式。

凯博文最长的句子有56个单词，最短的只有4个单词，这不是一个偶然事故。请注意，他宣布自己的文风变得简洁的句子是多么简洁，以及叙述自己迷失的感觉的句子是多么长，但尽管那句话很长，其中还是包含了几个简短的从句，引导读者进入一种盘旋、停顿、徘徊的迷失感中。他巧妙地运用了重复和平行结构，还有标点符号的变化，如使用了冒号和分号（你可以使用破折号和括号）。

即使一段话的句子结构如此丰富多变，也应只聚焦于一个观点。马修斯夫妇说，在已发表的科学文章中，大多数段落的最佳字数为150个单词（凯博文的上述段落分别为155个和184个单词）[①]。你用文字处理器中的工具就可以轻松检查字数，但你还可

[①] 此处的几个数据均为英文写作中的字数。一般情况下，中文和英文的字数比例约为1比1.6—1.9。这是通过角来划分的，一个中文字是一个全角，一个英文字母等于一个半角。但请注意，这个比例并不是绝对的，它会受到许多因素的影响，如文本内容，表达方式等。在此处如果一段英文有150个单词，那么它对应的中文可能就有240—285字。——译者注

以通过目测：如果一段话占据了整整一页纸，那就把它分成更小的段落。同样，如果你的文章中有好些段落只有两三句话，那这些段落可能就太短了。

行话的使用

为了控制行话（jargon）的使用，一些投稿指南明文规定："避免使用行话！"或"使用没有行话、简洁的语言"。正如这张来自《卡尔文与霍布斯虎》（*Calvin and Hobbes*）系列漫画的图片所示，这些禁令往往是有道理的。千万不要为了给人留下深刻印象而在句子中加入行话，也不要以为行话可以代替好的论证或分析。

图 6.1　因为我们都没有尝试过用言语打动别人，对吗？

然而，专业术语有助于我们完成本学科的工作，它们经常是优秀的论证和分析的一部分。在行文中加入一些专门的术语，尤其是那些在讲座中讨论过的，以及可以在课本中找到的术语，将是明智的做法。

将（好的）术语融入自己的写作中的一个可靠策略是使用同位语（appositive phrases），即在引入术语后，立即用一个从句或短语（有时是整个句子）来定义该术语。这样做的目的有三：(1)考虑读者的需要，尤其是当你认为有些读者可能不熟悉该术语时；(2)帮助你检验自己是否真正理解了该术语；(3)向指导老师证明你理解了该术语（这个原因仅适用于学校/学生写作）。注意下面三个段落中同位语的位置：

> The artifact was photographed in situ —that is, in its original place on the site.
>
> 文物拍摄于原地，即遗址的原址。

> Archaeologists incorporate principles of geology such as stratigraphy, the layering of deposits in archaeological sites. The benefits of understanding stratigraphy include …
>
> 考古学家会采用地质学原理，比如地层学，就是考古遗址中沉积物的分层。了解地层学的好处包括……

> The Shiites in the El Nahra are endogamists since they prefer to marry within their tribe. The mothers of the men

select their son's first wife and he can then choose to take on another wife if he pleases.

埃尔纳赫拉的什叶派是内婚主义者，因为他们更愿意在自己的部落内通婚。男方的母亲为儿子挑选第一任妻子，然后儿子可以根据自己的喜好选择娶另一个妻子。

在用同位语定义一个专业术语后，可以在论文的其余部分单独使用该术语。

容易用错的词语

Obvious（明显的），Normal/Norm（常规的/规范），Traditional（传统的）

还记得第一章讲到的文化相对论和反身性吗？你的文风应该遵循人类学的价值观。这三个经常被误用的词都关系到作者如何对待读者。不要假定读者和你一样，有着相似甚至相同的文化、族群、种族、阶级和性别背景。不要假定读者会理解对你而言稀松平常的事情。相反，要花时间解释你的观点。所谓"常规的"和"传统的"事情需要结合语境才能具备实际意义或道德意义。

有待改善的表达	更好的表达
On this holiday, people eat traditional foods. 在这个节日里，人们吃传统食物。	On this holiday, people eat traditional Greek foods such as tzatziki and feta. 在这个节日里，人们会吃传统的希腊食物，如青瓜酸乳酪酱汁和羊奶酪。
Participants engaged in normal activities. 参与者进行常规的活动。	Participants engaged in normal Saturday afternoon activities like housework, cooking, and going to the movies. 参与者进行周六下午的常规活动，如做家务、做饭和看电影。
The author made his argument obvious. 作者表明了他的论点。	The author made his argument obvious very early in the paper, in the second paragraph. 作者在论文的刚开始就表明了他的论点，就在第二段。

Primitive（原始的）

给人贴上"原始"的标签曾经是人类学的一个标志，也是对人群和文化进行分类的一种简略而含糊的方法。玛格丽特·米德（Margaret Mead）1928年出版的《萨摩亚人的成年》（*Coming of Age in Samoa*）一书的副标题是"西方文明所作的原始人类的青年心理研究"（A Psychological Study of Primitive Youth for Western Civilization）。人类学有研究非工业人群的传统，而"原始"一词会让人联想到腰布、石制工具、鼻穿骨等刻板和冒犯的印象。到20世纪50年代，人类学家开始重新思考"原始的"（primitive）和"土著的"（native）等用语的恰当性。直至2007年，社会人类学家协会（Association of Social Anthropologists）发表声明，明确谴责"原始的"和"石器时代"（Stone Age）等用语：

> 所有人类学家都会同意，用"原始的"和"石器时代"这样带有负面意涵的词语来描述［部落民族］，会对他们的福祉产生严重影响。政府和其他社会团体……长期以来一直以这些观念为借口，剥夺这些人的土地和其他资源。（Khazaleh，2007）

最好完全避免用"原始的"这一说法。

模糊词

有一次，一个学生问我："如何描述一件事情？"这乍听起来像是个奇怪的问题：她也知道"事情"（thing）这个词不能明确表明她所指的意思，但她又不知道该如何具体说明。当有更好的替代词时，"事情"就显得过于含糊和低级了。从以下词语中选择一两个，将它们用在引言中，并且让它们贯穿全文。但不要尝试使用太多这类词语。因为这类词比较抽象，每次使用这类词族中的新词时，读者都会认为你在引入新的概念。另外请记住，这些词并不能完全相互替代。在引言中，即使只是介绍主要观点，用词也要尽量准确。过于宽泛的引言可能会导致事与愿违的结果："自古以来/自人类诞生以来"（Since the beginning of time/Since the dawn of humankind）这样的句子在人类学课程中是行不通的。你不是在写电影预告，而是在写引言！

concept	idea	meaning
概念	想法	含义
construct	issue	phenomenon
构想/建构	议题	现象

人类学家喜欢"现象"（phenomenon）一词。"议题"（issue）也很适合用来辨别人类问题的微妙之处。但是，不要用 issue 来表示 problem（问题，难题），比如不能说 He has issues。此外，"发现"（findings）与"结果"（results）并不完全相同。"发现"指的是更宽泛的"你通过该研究找到了什么？"，而"结果"应指研究的成果。

马修斯夫妇认为下列名词是"模糊的"，因为它们通常不够明确，无法单独阐明句子要表达的意思：

area	character	conditions	field
领域	性格	条件	领域
issue	level	nature	problem
议题	水平	特征	问题
process	situation	structure	system
过程	情况	结构	系统

这些词通常需要额外的修饰语来限定和定义，以限制其宽泛性。

常被误用的同音字词 ①

当学术读者在一篇文章中看到这些词被误用时，他们会对这篇文章望而却步。

accept (verb meaning to consent to receive or believe as valid)
> I will not accept the idea that *Homo floresiensis* is extinct.

except (a preposition or conjunction meaning not including)
> I like all vegetables, except for asparagus.

rite (noun meaning ceremony or act)
> Upon completion of the rite of passage, the adolescents became adults in that culture.

right (as a noun, a moral or legal entitlement)
> According to the United Nations, education is a human right.

who's (a contraction for "who is")
> Who's going to survive the next global epidemic?

whose (a possessive)
> Do you know whose book was left behind in class?

you're (a contraction for "you are")

---

① 此处指的是异形同音词，即声、韵、调完全相同但写法含义不相同的字词。原文中举了英文的例子。在中文中的同音字词也是不胜枚举。为了正确表达作者的意思，此处采用了意译，即用中文读音上的同音字词代替了原文中的英文案例。例如，"权利"和"权力"、"逝世"和"世事"、"公示"和"公式"、"进来"和"近来"等等。——译者注

You're going to study several subcultures.

your (a possessive)

Your values are shaped by your culture.

it's (a contraction for "it is")

It's important to use gender-inclusive pronouns.

its (a possessive)

Do not judge a book by its cover.

词库是一把"双刃剑"

词库既是你的朋友,也是你的敌人:它可以帮你,也可以害你。如果你发现自己在重复使用同一个词语,却想不出其他的替代,当然可以检索词库,它有助于让你的用词更加丰富多样。不过,你也可能会受其影响,想用更复杂、更令人耳目一新的词来代替简单的词,比如:用"宏伟"(*prodigious*)代替"大"(*large*),用"浩瀚"(*numerous*)代替"很多"(*many*),用"抱恙"(*enfeebled*)代替"生病"(*ill*),用"凄怆"(*lugubrious*)代替"悲伤"(*sad*)。克制住这种冲动——有时,简单的往往是更好的。

有时,你能通过词库找到一个非常合适的词,这是很好的。但有时也可能适得其反。例如,"过剩"(*plethora*)的意思是"供过于求",它也意味着"很多"。但如果你在论文中写道"参加聚会的人过剩",这不仅会显得你不聪明,而且还会显得你很业余。

要素之间的关系

关于比较，首先要明确的是，仅仅说一组词语/概念"有联系"或"相互关联"是远远不够的。在人类学中，任何事物都是相关的，这就是整体性。关于你要比较的两个概念或项目之间的关系，下面提供了几个你可以自我反思的问题。

这两件事是否相关？当一方增加或减少时，你是否注意到另一方的增加或减少？如果你注意到了增减，你能对其展开进一步描述吗？

每种有多少？

数量是否充足？或……

> 这些表示"不充足"的词语对于研究计划书和文献综述非常重要，因为它们可以指出差距。

太多	不够
excess 过量	paucity 缺乏
glut 过剩	scarcity 稀缺
ample 充足	dearth 不足
surplus 盈余	deficiency 缺少

请记住，比较级和最高级形容词的使用需要证据的支持。当你使用形容词时，会让读者觉得这是你的观点或事实。无论哪种

情况，你都需要提供背景资料或将其与陈述的证据关联起来。例如，"帝国大厦（Empire State Building）是世界上最高的建筑"这句话是不严谨的。应改写为"帝国大厦建于20世纪30年代，在长达41年的时间里一直是世界上最高的建筑"（www.esbnyc.com）。我们将在下一章全面讨论如何援引资料。

谨防夸大其词

以下是学生在论文中常用于表示强调的词语。请谨慎使用。如果使用过度，读者可能会认为你在夸大其词。

Crucial（至关重要的）

Especially（尤其）

Significantly（有重大意义地）

Urgently（急迫地）

prove/proven（证明/证实）

definitely（一定）

第七章

注明引文来源

CITING YOUR SOURCES

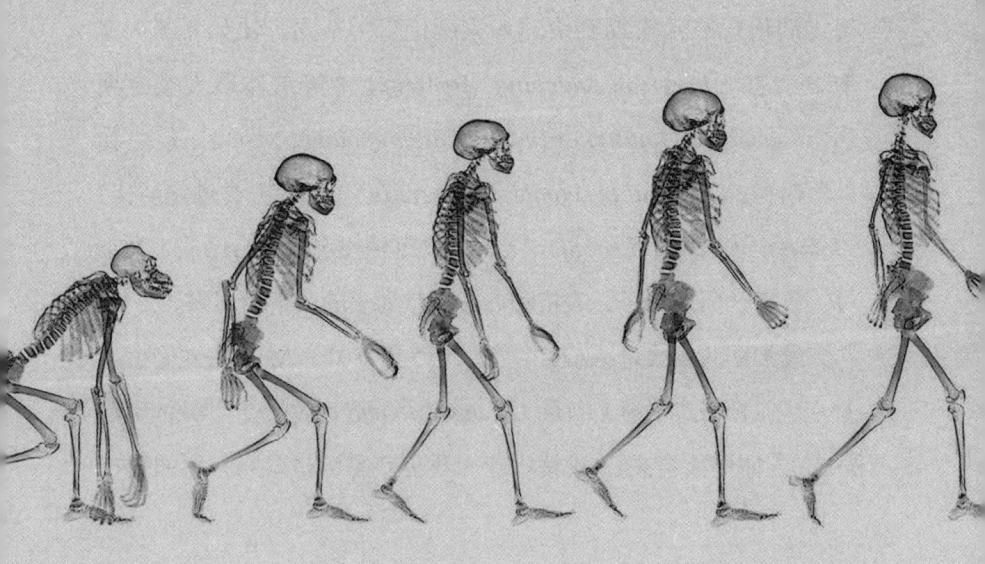

169　　当你引用其他学者的研究成果时，就表明你的研究是在他们的基础上发展起来的。同时，这也意味着你的观点与他们的观点是有所区别的。用文中夹注（in-text citations）和参考文献列表来记录文献来源会不会很烦琐？当然会。但是，如果不遵守引用文献的惯例，就会让读者觉得你缺乏学科知识，且不够细心。

　　引用和参考文献一方面是为了显示你对细节的关注，另一方面也是为了表明你正在成为学科团体的一员。比如，根据所研究的子领域、时间范围和地区，考古学家会使用由美国人类学协会、美国考古学会（Society for American Archaeology，SAA）规定的格式或几家期刊中的一家所指定的格式，比如《美国文物》杂志（*American Antiquity*，AmAntiq）、《美国体质人类学期刊》（*American Journal of Physical Anthropology*，AJPA）、《动物科学期刊》（*Journal of Animal Science*，JAS）和《人类进化期刊》（*Journal of Human Evolution*，JHE）。每种规定都有自己关于大小写、数字、标点符号、表格和参考文献列表的风格和规则。

　　最常见的格式是AAA，截至2015年9月，AAA格式完全遵循《芝加哥格式手册》（*The Chicago Manual of Style*）（作者-年代格式）。你可能会想："我就不能用我更熟悉的格式吗，比如我在英语课上学过的 MLA 格式？我的意思是，我给作者署名了，这才是最重要的，对吗？"是的，给作者署名是最重要的部分，但如果你想更深地融入某一个学科的共同体，那么你也必须学习该学科的引文惯例，并遵循它们。

什么知识可被称为"常识"？

学生们常常搞不清楚哪些观点属于共识（即被广泛接受为事实），不需要专门引用或注明出处。"先天与后天"（nature versus nurture）这一短语属于共识，尽管这场争论的答案至今仍不得而知。在考古学中，地层学，即在泥土深处发现的化石比靠近地表的化石更古老的观点，是获得广泛接受的事实。你还可以用"普遍认为"（generally accepted as）、"普遍接受"（generally accepted that）或"众所周知"（it is widely known that）等短语来对冲您的陈述。但凡有疑问的地方，请注明文献来源。学生在转述时如果不注明引文出处，就有涉嫌剽窃的风险。展示你对研究脉络的记录，比在以后证明有这个记录要容易。

捏造与剽窃

捏造是指编造资料。剽窃是指使用他人的语言和思想而没有恰当地注明出处。这两种行为都构成严重的学术不端。剽窃有时是无心的，有时是有意的，但无论哪种情况，你都要承担责任。

为了维护学术诚信，你应该：

- 了解哪些内容属于常识，因为它们不需要注明出处。
- 当你不确定某些内容是否为常识时，要谨慎行事，注明其出处。
- 对直接引用的内容要审慎选择，并用引入语或信号词将其插入文中。
- 要知道，即使不是直接引用，而是总结或转述，也需要注明引文来源。
- 成为一名优秀的转述人，要能够缩写原文，用自己的语言和句法表达原文内容（不要将引文中的几个词换掉后插入一些替换词，即使你注明了出处，这种做法也是不合格的转述方式）。

本章将帮助你达成以上五项目标。你所在的机构或你的导师可能会有其他规则要求，如一些特殊的行为准则，或有使用查重软件的要求。

考虑添加一个致谢部分

感谢每个在研究成果中给予你帮助的人是非常重要的。如今，人类学家以团队的形式工作，与其他具有不同研究背景的专业人士合作，或者由资深教授与其研究生导师合作。人类学家孤身一人在田野中的画面是一个浪漫的想法。科林·特恩布尔（Colin Turnbull）在他 1961 年出版的民族志著作《森林民族》（*The Forest People*）一书中，对比他更早接触俾格米人（Pygmies）的研究者，以及那些帮助他挑选与哪个群体一起生活的人，做了轻描淡写的处理。根据科林的传记作者克林葛（Roy Richard Grinker）的说法，科林夸大了自己在田野研究上所花费的时间，也没有提及他所得到的帮助，以期符合文化人类学家的民族志写作风格。克林葛写道：

> 对于科林这种试图夸大自己的个人独立工作和田野调查时长的做法，尽管许多人类学家可能会表示不认可，但也并不会感到惊讶。文化人类学家，尤其是未婚的文化人类学家，长期以来一直给人留下这样一种印象：独自工作，没有研究团队，也鲜少与其他"局外人"有过多接触。故而，为了确保自己的可信度，科林自然而然地认为，越少提及田野中的其他专家学者越好。人类学家习惯性地夸大其词：他们认为自己在田野点的时间越长，获得的资料就越真实。因此，科林并没有把那些与他共同进行田野调查的人公之于众。

幸运的是，在如今的人类学界，人们越来越理解人类学家并不总是孤身一人开展田野调查，团队调查也越来越受欢迎。

感谢你的研究参与者（即使出于保密考虑你不能说出他们的真实姓名）。许多出版物和几乎所有论文都会包括一份致谢声明，用以感谢对研究作出贡献的人。即使你是本科生，也应该感谢你的研究参与者。出于保密的考虑，无须逐一列出他们的名字，但应该用一个概括性的句子表明他们对你的帮助和你对他们的谢意。比如：

"我们要感谢为这项研究慷慨奉献时间的每一个人。"

"对研究参与者为本项目付出时间和精力，我们感激不尽。"

"我们感谢参与本研究的每一个人。"

致谢部分可以写在序言、脚注或参考文献前。

一个更常见而又容易被忽视的资料问题是：从资料解读出的内容比实际情况更多。在参与观察过程中，由于文化人类学家自己便是资料的收集工具，所以他们解读出不存在的内容的风险可能高于其他学科。通过对关键报道人进行三角测量[①]，再加上对资料进行反复检查，可以降低编造资料的风险。

通过制定计划、确保理解任务、做好笔记和草稿，学生可以降低犯严重归因错误的概率。

---

① "三角测量"这一术语源自几何学，它指的是通过根据已知的点向未知的点构建三角形的方式来确定该点的位置。在社会科学领域，三角测量指采用多种调查方法来研究同一种现象（例如访谈或定量调查等）。这一概念跟法医学中的"交叉询问"（cross-examination）接近，询问多位目击者的证词更易接近事实真相。这是通过发现资料的一致性和不一致性来实现的。参见《研究设计百科全书》（*Encyclopedia of Research Design*）。——译者注

概括、转述和直接引用文献

人类学家需要知道如何概括、转述和直接引用文献，因为通常在所有的论文中都会用到这三种技巧。如果你倾向完全借助直接引用，那么你需要扩宽自己的文献库。事实上，对于何时使用哪一种技巧，你需要进行策略性规划。在研究者的现实写作中，转述可能是最常用到的一种技巧，但它对学生而言却是最难掌握的。另外，这三种方法都需要采取文中夹注的引用格式。

概　括

当要将大量信息（通常是整篇文章或整本书）精练为概要时，便要进行概括。概要非常适合写在论文的第一段（不过也可以写在任何地方）。你可以介绍自己在下文中将展开详细讨论的作品；此类概要通常也为你的论题提供了必要的背景介绍。通常而言，好的概要既点明原文的核心观点，又保留原文的事件顺序。概要可以简短至一个句子，也可以长至一个段落。

以下是两篇学生习作的开头部分，文章的内容是对民族志《酋长的客人》（*Guests of the Sheik*）的评论。由于这部作品是叙事性的，所以学生通过复述故事来引出自己的分析，这是一种行之有效的方法。

以下是原来的概要：

《酋长的客人》是伊丽莎白·费尔内亚（Elizabeth Fernea）撰写的一本民族志，记录了她在伊拉克村庄埃尔纳赫拉（El Nahra）生活的点点滴滴。费尔内亚与她的丈夫鲍勃（Bob，一名社会人类学家）一起住在那里，鲍勃正在对该部落进行研究。由于伊丽莎白是第一个在这个严格的什叶派村庄生活过的西方女性，所以鲍勃认为对妻子来说，这将是一次深入了解埃尔纳赫拉女性独特生活方式的绝佳经历。

> 内容：学生提到了书名、作者和背景，但大部分细节是从费尔内亚的丈夫的角度来写作，而没有从作为原书作者的费尔内亚的角度展开。

以下是一段更好的概要：

在伊丽莎白·沃诺克·费尔内亚所著的《酋长的客人》这本民族志中，费尔内亚与读者分享了她在伊拉克一个名叫埃尔纳赫拉的小村庄为期两年的生活经历。伊丽莎白（又名 BJ）和她的丈夫鲍勃一起住在这个村子里，鲍勃是一名在村里进行田野调查的人类学家。虽然 BJ 没有接受过人类学家的培训，但她的丈夫鼓励她尽可能多地收集关于这个对女性实行"深闺制度"

的社区的信息。通过参与观察和大量的田野笔记，BJ 揭示了在这个父系男权社会中，作为一名女性意味着什么。随着 BJ 把自己的生活转变成生活在 El Nahra 的传统女性的样子，她终于获得了社区的认可，并理解了这种特殊女性文化的意涵。

> 内容：学生提及了标题、作者和背景，并详细介绍了主要人物、主要细节、冲突和解决方法。在这里，重点放在 BJ 身上是恰当的，因为她才是这本书的作者。另外值得注意的是，该学生将人类学术语和伊拉克术语［如"深闺制度（purdah）"］融入文中。

转　述

当需要用自己的话复述他人的观点及其细节时，便要进行转述。其难点在于：转述不仅需要使用自己的语言，还需要使用自己的句子结构。一些学生在转述时会遇到麻烦，因为他们：

- 照搬原文章中的句子或短语，但没有注明是直接引用（*quoting*）。
- 在保留原文章中的短语的情况下，对句子加以改写，但没有注明是间接引用（*citing*）。
- 模仿原文章的句法、结构和例子。

千万不要仅仅改变原句中的几个词（甚至是一半的词）之后，便将其放入你的文章中，这种做法是极其不恰当的。即使注明引文也不能这样做，而如果你省略了引文，那么事态将更加恶劣。

176　下面这段话摘自詹姆斯·W. 道（James W. Dow）所写的《〈阿凡达〉中的人类学家》("The Anthropologists in *Avatar*")一文：

> Where do the anthropologists in *Avatar* fit into the heroic imagery? My opinion is that they are more hero facilitators than action heroes themselves. Their strong adherence to scientific and humanistic values in telling the true story of the Na'vi draws them into the fight, but then they only fight alongside of the big action hero, Jake, who is motivated more by love and fury against those who are harming his girlfriend's family. The anthropologists see the justice of the fight and help it along, but they are not filled with the same outrage and determination as the hero. In some ways they are nobler than the action hero. They fight for scientific truth and the value of humanoid, animal, and plant life. They are sub-heroes. This is not so bad. Perhaps it is better to be a sub-hero and faithful to one's calling than an American hero of Hollywood proportions whose faithfulness to reality is only mythical.
>
> 《阿凡达》中的人类学家如何符合英雄的形象？我的看法是，他们更像是推动英雄的人，而非自己就是表现出英雄的人。为了在讲述真实的纳美人的故事的过程中坚守对科学和人文价值的信仰，他们加入了战斗，但他们只是与真正的大英雄杰克并肩作战。杰克更多的是

被爱和愤怒驱使,去对抗那些伤害他女友的家园的人。人类学家看到了战斗中的正义所在,并决定帮助大英雄战斗,但他们所满怀的并不是那位大英雄那样的愤怒和决心。在某些方面,他们比那位大英雄更加高尚。他们为科学真理而战,为类人动物、动物和植物的生命而战。他们是次英雄(sub-heroes)。这没什么不好的。也许,做一个忠于自己使命的次英雄,比做一个忠于现实却只是传说的好莱坞式的美国英雄要好得多。

下面这个转述就违反了学术规范。尽管其中增加了一些文字并替换了几个同义词,但大量照搬了原文中的句子和短语。此外,写作者也没有注明引文来源:

> Where do the anthropologists in *Avatar* fit into the heroic imagery? The anthropologists are more hero facilitators than action heroes themselves. Their strong adherence to scientific and humanistic values in telling the true story of the Na'vi draws them into the battle. They only fight alongside of the big action hero, Jake, who is motivated more by love and fury against those who are hurting his girlfriend's family. The anthropologists see the justice of the fight and help it along, but they are not filled with the same anger and determination as the hero. In some ways they are nobler than the action hero. They fight for scientific truth and the value of humans,

animals, and plants. They are sub-heroes.

《阿凡达》中的人类学家如何符合英雄的形象？他们更像是推动英雄的人，而非自己就是表现出英雄的人。影片中，为了在讲述真实的纳美人的故事的过程中坚守对科学和人文价值的信仰，他们加入了战斗，但他们只是与真正的大英雄杰克并肩作战。杰克更多的是被爱和愤怒驱使，去对抗那些伤害他女友的家园的人。人类学家看到了战斗中的正义所在，并决定帮助大英雄战斗，但他们所满怀的并不是那位大英雄那样的愤怒和决心。在某些方面，他们比那位大英雄更加高尚。他们为科学真理而战，为人类、动物和植物的生命而战。他们是次英雄（sub-heroes）。

下面这个转述也违反了学术规范。尽管进行了部分改写，但它使用了原文中的部分短语和句法，即使这些短语周围的部分原文是改写的。此外，缺乏引文来源：

The anthropologists in *Avatar* are more hero facilitators than action heroes. Their strong adherence to scientific and humanistic values brings them into the fight, but then they fight alongside Jake the hero, who is motivated more by love and fury against the mining company. The anthropologists see the justice of the fight but do not have the same justifications of the big action hero.

《阿凡达》中的人类学家更像是推动英雄的人，而非自己就是表现出英雄的人。为了坚守对科学和人文价值的信仰，他们加入了战斗，但那时他们是与英雄杰克并肩作战，杰克更多的是出于对矿业公司的爱恨交织。人类学家看到了战斗中的正义所在，但没有那位大英雄那样的战斗理由。

相比之下，这是一个较为合宜的转述案例：

Dow (2011) believes that the anthropologists in the film *Avatar* are not the main heroes of the story but are ancillary heroes. The hero is motivated by love; in contrast, the anthropologists are motivated by their values and the injustices they see happening to the Na'vi people. Dow thinks that it is better to be motivated by philosophical commitments than by passion.

道（Dow, 2011）认为，电影《阿凡达》中的人类学家不是故事的主要英雄，而是附属英雄。英雄的动机是爱；相比之下，人类学家的动机是他们的价值观，以及他们看到的发生在纳美人身上的不公现象。道认为，以哲学信仰为动力比以爱恨情仇为动力更好。

请记住，好的转述最终是要尽可能把原文与自己的论点有机结合。你不仅要缩写原文中的部分内容，以便它们成为你的论据,还要把原文的风格和语法变得更接近你自己的文风,从而使文中各个观点之间的转换更流畅。

> **好的转述要做到以下几点:**
>
> - 使用自己的句式。
> - 区分你的观点和作者的观点。
> - 恰当地使用并放置引文。

文中夹注应该放在哪里?我曾听学生说,如果他们为自己创作的句子感到自豪,而这个句子中又恰巧包含了参考文献,那他们会担心别人将整个句子都归功于参考文献。解决的办法是知道在何处放置文中夹注。你有以下几种选择:

规则	例子
如果参考文献出现在句子的开头,那么接下来的内容就被认为是你对引文的转述。	布朗(Brown,2008)发现,建立融洽的关系是文化人类学的核心。
如果参考文献出现在句末,情况也一样。	建立融洽的关系是文化人类学的核心(Brown,2008)。
如果参考文献只涉及句子的一部分,则应将参考文献紧跟在那些词语之后,并用逗号区分你的观点和引用的观点。	建立融洽的关系是文化人类学的核心(Brown,2008),但有些人类学家比其他人更擅长建立融洽的关系。

直接引用

直接引用在人文学科中很常见，但在科学领域却很少见。在人类学中，直接引用往往比在其他大多数社会科学学科中更常见，因为直接引用的准则是：只有当作者的原话是呈现其观点的最佳表达时，才进行直接引用，而人类学家恰恰非常重视抓住他人的观点。

下面是一位学生关于《酋长的客人》一书的导言段落的节选，在这本书中，美国女性 BJ 陪同她的新婚丈夫来到一个奉行原教旨主义的埃及穆斯林村庄，以便丈夫完成他的论文研究。该学生意在表明，尽管 BJ 最初对当地文化很是抗拒，但最终她还是融入其中：

> 在前往埃尔纳赫拉之前，当 BJ 在巴士拉与丈夫交谈时，她对什叶派部落文化要求女性穿戴的长袍或黑面纱持有非常负面的看法，她说："我为什么要戴那个丑陋的东西？那不是我的习俗。"（Fernea, 1965, 5）然而，当她拒绝穿长袍时，人们开始盯着她看，对她指指点点，于是她很快就穿上了长袍，并把自己埋藏在神秘的面纱中。

这段话的铺垫做得很好：第一句话让你具体了解是谁在什么情况下说了直接引用的句子。该学生还在文中为读者定义了"长袍"（abayah），这不仅考虑到了读者的需求，还避免了读者由于陌生的术语而可能产生的不适感。然后，他将直接引用与句首语连接起来。这句直接引用很有效，因为它表达了 BJ 对穿戴这种遮盖物的反感以及她的独特看法。紧接着的句子提供了事件的后续结果，从而产生了前后呼应的效果。

> **180** 需要用到脚注吗？不需要，人类学家很少使用脚注。人类学写作的一般惯例是：把希望读者看到的文字放在正文中。

从资料中借用关键术语时要进行直接引用。如果浏览人类学家撰写的期刊文章，你将发现，一般而言，人类学家会在引言中进行两三次的直接引用，且这些直接引用通常是其他作者使用过的短语，而不会是一些过长的内容。例如，肯特等人在一篇通过基因检测确定巴西人祖先的文章的引言中，直接引用了其他研究人员创造的概念术语。在提到英国广播公司（BBC）为巴西名人进行基因检测而设立的一个项目时，作者在"巴西非洲后裔的根源"（Afro-Brazilian roots）这一短语上加了引号，并注明了其出处；由于他们想进一步使用另一位研究者创造的关键术语"想象的基因共同体"（imagined genetic communities），所以他们不仅直接引用了该术语，还用自己的话对其进行定义并注明了其出处。

你可以引用报道人 / 参与者的话，因为他们的话最能说明问题，或最能支持你的论点。研究者引用报道人 / 参与者的话时，往往是希望他们的声音能在文章中有所反映，因此直接引用在定性研究中很常见。文中所呈现的引语通常是分析筛选后的结果，因此你所选用的引用非常重要；拉德纳将引语视为"通货"（currency）。不知你先前是否注意到，人在说话时很少会像写作时那样表达得完整、精练。尤其如果你的田野报道人的口语表达能力欠佳，那你们的对话就会出现断断续续的情况。如此一来，在报告中，你可能需要在不改变原有思想或情感的情况下删除或添加一些词语，以便能让读者顺畅地阅读。比如，你可以使用省略号（……）删除无关的单词/短语，也可以使用括号［　］表示你对某些词语所做的细微添加或改动。无论如何，只要不改变原来的意思即可。

任何超过四行的引文都要进行段落缩进。伯纳德（Philip Burnard）指出，使用较长的引文有利于展现所述内容的重要背景。当引文超过四行时，可使用块引用（block quote），即缩进整段内容并去掉引号。但使用块引用要慎重，因为在论文中加入大段引文可能会有一种凑字数之嫌。块引用中，在引文末尾使用句号，继而加括号，并将引文来源放入括号中。在大多数情况下，你无须更改引文，但如果你选择添加斜体以表达特殊效果，则必须按以下方式注明：

> Credibility variables concentrate on how believable the work appears and focus on the researcher's qualifications and ability to undertake and accurately present the study. The answers to these questions are important when critiquing a piece of research as they can offer the reader *an insight into what to expect* in the remainder of the

study. However, the reader should be aware that identified strengths and limitations within this section will not necessarily correspond with what will be found in the rest of the work. (Coughlan, et al. 2007: 658, emphasis added)

可信度变量集中在研究工作的可信度上，其重点是研究人员的资质以及准确开展和介绍研究的能力。这些问题的答案在评论一项研究时非常重要，因为它们可以向读者提供有关研究的其余部分的可期待的洞见。但是，读者应该注意，本部分中指出的优点和局限性并不一定与其他部分的内容一致。（Coughlan, et al. 2007: 658，加粗部分，表示强调）

使用导入语介绍其他人的观点或已发表的资料。有些学生很难正确引用公开发表的资料，尤其是当摘录的内容是一整句话时。学生通常的做法是：选择他们想要的句子，将其放入自己的段落中，然后在句子的开头和结尾加上页码和引号，并（错误地）认为这就是正确的引用方法。请记住，引语不能单独存在。当引用时，你是在将别人的话融入自己的文章中。因此，你既要对自己的文字和别人的文字稍作区分（这样才能清楚是谁在说什么），又要在自己的文字和引文之间架起桥梁。要做到这一点，最简单的方法就是使用**导入语**［*lead-in phrases*，又称**信号语**（*signal phrases*）］。例如：

As Alverez (2011) suggests, "…"

正如阿尔瓦雷斯（Alverez, 2011）所言，"……"

In contrast, Johnson (2013) argues, "…"

相比之下，约翰逊（Johnson, 2013）则认为，"……"

This is further supported by US Census data from 2010, which Riley (2015) has interpreted this way: "…"

美国2010年的人口普查数据进一步证明了这一点，正如赖利（Riley, 2015）对这些数据所作的解释："……"

In his interview, Mr. Chiu, Director of Development for the JRC, commented that he sees the agencies mission differently: "…"

在访谈中，对该机构的使命，邱先生（欧盟委员会联合研究中心发展部主任）则有不同的看法："……"

如果你在导入语中写了作者姓名，那么在文中夹注时就可以省略作者姓名。假设你引用的是汉斯·A. 贝尔（Hans A. Baer）、梅瑞尔·辛格（Merrill Singer）和艾达·萨瑟（Ida Susser）（2003）所著的《医学人类学与世界体系》一书，你可以这样写：

This concept is described by Baer et al. (2003) as

critical of the role of capitalism in healthcare.

借用这一概念,贝尔等人(Baer et al., 2003)批判了资本主义在医疗保健中的影响。

请注意,由于"贝尔等人"已出现在您的句子中,因此无须在括号内重复。你也可以标出具体的页码或页码范围:

(Baer, Singer, and Susser, 2003, 126)或(Baer, Singer, and Susser, 2003, 120–132)①。

导入语就像是在宣布:"请注意,我要使用一些援引的信息了。"把自己想象成一个手持麦克风在采访的记者。你先说几句话,然后把话筒对准受访者,受访者说出她想说的话,然后你再把话筒转向自己,接着解释和总结对方刚才说的话。

动词是导入语的核心,我们最常见的动词有**说明**(states)、**写道**(writes)和**主张**(argues)。但是,动词用得越准越好。正确的动词既有助于读者更好地理解你所引用的作者的原意,也有

---

① 在中文写作中,在上文提到的引文格式的注意事项基础上,情况要更复杂一些。一般而言,中文写作中的 APA 引文格式可能出现 3 种情况。第 1 种情况是引用中文文献,其惯例与英相符,比如:范可等学者(2022)认为:"……"第 2 种情况是引用英文文献,但正文中没有出现作者姓名,这种情况直接在文中夹注的括号里分别写出作者的英文姓氏和年份即可,比如,一些学者借用这一概念批判了资本主义在医疗保健中的影响(Baer et al., 2003)。第 3 种情况是文中出现了外国学者的中文译名,在这种情况中,对首次出现的译名,需要在其后加小括号先写中文译名对应的作者英文姓名,继而再加年份、页码等信息,比如,在贝尔等人(Hans A. Baer et al.,2003)看来,"……"注意,只有在文中首次出现的中译名才需加括号标注其对应的英文姓名。具体可参见《社会学研究》的引文标准。——译者注

助于他们明白你在论证中采用直接引用的目的。以下是一些可用作引入语的实用动词：

acknowledges	adds	admits	affirms
认可	补充道	承认	确认
agrees	answers	argues	asks
同意	回答	争辩道	问道
asserts	attacks	believes	calls
断言	抨击	相信	调用
claims	comments	compares	concedes
主张	评论	比较	让步
confirms	contends	counters	counterattacks
证实	声称	反驳	反击
declares	defines	denies	disputes
声明	定义	否认	争论
echoes	emphasizes	endorses	estimates
呼应	强调	支持	估计
finds	grants	illustrates	implies
发现	承认	阐明	意味着
insinuates	insists	labels	mentions
暗示	坚决声称	把……列为	提到
notes	observes	points out	predicts
注意到	观察到	指出	预测
proposes	reasons	recognizes	recommends
提出	推论	认识到	劝告
refutes	rejects	reports	responds
驳斥	拒绝	报告	回应
retorts	reveals	says	speculates
反驳道	揭示	说	推断

states	suggests	surmises	tells
说明	建议	推测	讲述
thinks	warns	writes	
认为	警告	写	

（来源：Hacker, Cohen, Sussman, and Villar-Smith，2007）

另一个可行的策略是，在每段引文后至少用一句话对其进行解释。你还可以就它如何有助于你的论证展开说明。通过这种方式，你可以建立自己的可信度。

动词时态和所引材料

在介绍已发表的资料来源时，请使用现在时：

In contrast, Johnson (2013) argues …

相反，约翰逊（Johnson，2013）认为……

Hacker (2007) lists a range of possible verbs to use to introduce source material.

哈克（Hacker，2007）列出一系列可用于介绍文献资料的动词。

在使用导入语介绍访谈材料时，应使用过去时（见下文学生写的范例）。

第七章 注明引文来源

下面的案例展示了三种将引语融入自己的行文中的好方法。这些案例来自学生撰写的研究报告作业,在该作业中,他们通过一对一定性访谈的方法,调查了其他学生对校园精神的看法。

另一个引起意见"方差"(variance)的话题是:在学生看来,住校还是走读是否会影响他们的校园精神。对那些一直住校的在校生而言,居住地并不会影响他们的校园精神。他们往往认为,学生融入校园生活是一件轻而易举的事情。另一方面,既经历过住校也经历过走读的学生则详细描述了两种居住模式间的区别,此外,他们还认为远离学校可能会削弱校园精神,或者至少会降低学生的校园参与感。就此,交通与城市规划专业的克里斯(Chris),结合亲身经历和所学专业,谈了自己的看法:

> "方差"(variance)是一个统计术语,并不适合用在这里。此处用"分歧"(variety)更合适。

> 方法1:通过引导句让读者了解后面的内容,包括直接引语的来源。注意引导句末尾的冒号如何向读者发出信号,它让读者知道紧随其后的便是你刚才介绍的内容。

当你住校,就是整天都在学校里面生活、呼吸,做所有事情,尤其是大家都离得很近,在这种情况下,归属感就特别强烈……这样的互动真的能建立起一个很棒的集体。大家在好的集体中,自然也会有强烈的荣誉感。

在克里斯看来，对集体的归属感和对学校的荣誉感是相互关联的。他接着表示，校外生活削弱了他的集体归属感，继而也削弱了他对学校的荣誉感。其他学生也和克里斯一样，他们的校园精神因为远离校园而大打折扣（对学校的荣誉感亦是如此）。大多数（如果不是全部）受访者都将对体育运动的兴趣与校园精神联系在一起。同样，缺乏体育热情也常常被认为是缺乏校园精神。这种对校园精神的广泛定义带来了相应的局限性，在访谈之初，一些学生表示自己不具备校园精神。例如，20岁的妮可（Nicole，受访者之一）最初认为自己丝毫不具备校园精神。然而，在整个访谈过程中，妮可逐渐意识到，她有校园精神，但并非"通过体育运动的宽泛、刻板的方式"展现。

关于学习对培养校园荣誉感和校园精神的影响，存在一些分歧。访谈资料显示，如今许多学生认为校园声誉只与体育有关，而与学习无关。有极少一部分学生将学习视为声誉的来源，但他们在此提及的声誉更多关于个人成就，而非学校的集体荣誉。例如，在访谈中，妮可认为校园声誉既包

> 在引文之后，学生紧接着对当事人的陈述进行总结。这就强化了读者的代入感。

> 方法2：直接将引文融入你的论述中。你可能需要对引文的动词或主语稍加改动，以使其更适合你的论述，但不要改变来龙去脉，否则，那将是虚假陈述。

> 方法3：在"显示"等动词后加逗号，并将整段引文归于该人。使用这种方法，你无须把引文融进你的句子里，但它读起来多数有点"新闻报道感"。这种方法不宜频繁使用，否则，读者会感到厌倦。

括学业声誉，也包括体育声誉，而伊莱（Eli）则表示，"我觉得学业与学校精神没有任何关系"。

这名学生对引语的处理比较成功。在第一段中，由于那里的引语部分属于拓展回答，所以她使用了用冒号引导的块引用（本例中的块引用有3个句子）。通过这样的处理，学生作者意在说明那些内容不是她的观点。在第二段中，她将受访者说的话与表达她自己观点的句子进行了有机结合。在第三段中，她用逗号和引号区分出了受访者说的话。如果要直接引用访谈内容，这三种方法都是非常可行的。另外，假如你经常会诉诸直接引用，那么尽量不要从头到尾使用一种处理方式。相反，可以像这位学生一样，采用不同的引文插入方式，并将其融入自己的行文中。

AAA/芝加哥风格的引文格式

你用到的每个引文来源都必须包括：（1）带括号的文中夹注（in-text parenthetical citation）和（2）相应的参考文献列表。

带括号的文中夹注

无论你是直接引用、转述还是概括参考文献，都要将带括号的文中夹注放在引用自原作者的句子、段落或短语的末尾。注意，概括整部作品时，请勿标注页码；直接引用或转述时，则需标注页码或页码范围。这种格式同样适用于书籍、论文集、期刊文章、报纸文章、大众杂志文章、影集、学位论文或未发表的访谈等领域。

放置文中夹注的主要方式有两种——置于句末或直接置于所援引的作者的名字后面：

Others have argued that poststructuralism had a negative effect on the field (Moore 1994).

有学者则认为，后结构主义对该领域产生了负面影响（Moore，1994）。

In his award-winning essay, David Chioni Moore (1994) argues that anthropology has always had two modes, scientific and interpretive, but that the poststructuralism that swept the field in the 1980s caused anthropology to "lose its nerve" (346).

大卫·奇奥尼·摩尔（David Chioni Moore，1994）在他的获奖论文中指出，人类学一直有两种模式，即科学模式和解释模式，但20世纪80年代席卷该领域的后结构主义使人类学"失去了勇气"（346）。

请注意，在第二个例子（直接引用或转述）中，需要注明页码。如果导入语中没有提到摩尔，那么在句末的文中夹注中就要标出，比如：（Moore，1994，346）。

特殊情况

对于有三位及三位以上作者的英文引文,使用"et al.",但在参考文献列表中要写出所有作者的名字。

(Baer et al. 2003)
(贝尔等人,2003)

This concept is described by Baer et al. (2003) as …
贝尔等人(Baer et al.,2003)将这一概念描述为……

对于同一作者在同一年发表的多篇参考文献,用字母区分:

(Rapp 1993a) and (Rapp 1993b) or (Rapp 1993a; Rapp 1993b)

对于同一作者在不同年份发表的多篇参考文献,请使用此样式:

(Rapp 1993) and (Rapp 1997) or (Rapp 1993; Rapp 1997)

对于同一句子中两位不同作者的两部作品,无论出版日期如何，均按作者字母顺序排列，并用分号隔开：

(Clifford 1988; Rapp 1993)

你自己收集的原始访谈材料不需要标明文中夹注，也不需要列入参考文献列表，因为它们属于原始资料。

网　站

如果引用了来自网站或博客的内容，通常无须将其列入文中夹注或参考文献列表，只需在文中说明即可：

截至 2016 年 3 月 10 日，谷歌的隐私政策……

以下段落可见于杜伦大学"跨界写作"网站的"作家谈写作"栏目……

如果需要更正式的文中夹注，以"谷歌的隐私政策……"这一句为例，夹注可以这样写：(Google，2016)。有关如何为每个网站创建相应的参考文献列表，请参阅下面的"参考文献列表"部分。

参考文献列表

如果某个引文出现在文末的参考文献列表中，那么在论文正文中就必须有该引文的文中夹注，反之亦然。然而，文献目录（bibliography）[①]是一个范围更广的清单，是你在创作时使用过但未必在文中进行引用的引文列表。

根据写作方式和习惯，你可能会在撰写论文各部分时先插入文中夹注，然后再花几个小时来单独创建参考文献列表。另一种方法是在撰写论文时，每插入一条文中夹注，就制作一条参考文献，这样可以有效避免参考文献的遗漏情况。

现在，大多数人类学家主要在两种情况下使用文献管理软件：(1) 当把想要使用的引文从研究数据库导出到个性化的文献管理库中时；(2) 当要同时在正文的夹注中和文末的参考文献列表中列出引文时。使用 Endnote、Ref Works 和 Zotero 等软件可以节省很多时间，并使你的文献保持井然有序。但请注意：即使你借助这些软件生成了参考文献，但仍然必须对你引用或下载的每一条文献进行反复检查。

以下是各类英文文献的参考文献格式。由于本书的简要指南无法涵盖所有的引文格式问题，所以任何本章未涉及的情况都可以参考最新版的《芝加哥格式手册》。

[①] 关于文献目录的更多内容也可参见第四章"撰写文献综述"的第 5 段。——译者注

> **标题中单词的大写**
>
> 在英文标题的写作中，芝加哥格式对你是使用句子样式（*sentence case*）还是标题样式（*title case*）并无特别规定。在句子样式中，通常只有第一个单词的首字母需要大写。在标题样式中，大部分单词——所有重要的单词——首字母都要大写。记住，无论选择哪种样式，都要保持前后一致。本文的案例中同时涉及了这两种样式，目的是便于读者了解它们之间的区别。

1. 书籍，单个作者

作者姓，名. 出版年份. *书名*. 出版地：出版社.

Baer, Hans. 2004. *Toward an Integrative Medicine: Merging Alternative Therapies with Biomedicine.* Walnut Creek, CA: AltaMira Press.

2. 书籍，多个作者

第一作者的姓氏，名字；第二作者的名字，姓氏. 出版年份. *书名*. 出版地：出版社.

Baer, Hans A., Merrill Singer, and Ida Susser. 2003. *Medical Anthropology and the World System.* Westport, CT: Praeger.

3. 书中的章节

章节作者的姓，名. 出版年份. "章节标题." In *书名*，编辑的名姓, 页码×××-×××. 出版地：出版社.

Calvin, William H. 2001. "Pumping Up Intelligence: Abrupt Climate Jumps and the Evolution of Higher Intellectual Functions During the Ice Ages." In *The Evolution of Intelligence*, edited by Robert J. Sternberg and James C. Kaufman, 97–115. Mahwah, NJ: Lawrence Erlbaum Associates.

Clifford, James. 1988. "Identity in Mashpee." In *The Predicament of Culture*, edited by James Clifford, 277–348. Cambridge, MA: Harvard University Press.

4. 同一作者在不同年份发表的多篇参考文献

按时间顺序排列。

Rapp, Rayna. 1993. "Sociocultural differences in the impact of amniocentesis: an anthropological research report." *Fetal Diagnosis and Therapy* 8(Suppl. 1):90–96.

Rapp, Rayna. 1997. "Communicating about chromosomes: patients, providers, and cultural assumptions." *Journal of the American Medical Women's Association* no. 52(1):28–29, 32.

注：Rapp1997年的文章页码不连续；它先是在期刊的第28页和第29页，之后跳过了几页，并在第32页结束。

5. 同一作者在同一年发表的多篇参考文献

按文章标题的字母顺序排列。注：作者（无论单个或多个）

必须完全相同，方可使用此样式。

Rapp, Rayna. 1993a. "Amniocentesis in sociocultural perspective." *Journal of Genetic Counseling* 2(3):183–196. doi:10.1007/BF00962079.

Rapp, Rayna. 1993b. "Sociocultural differences in the impact of amniocentesis: an anthropological research report." *Fetal Diagnosis and Therapy* 8(Suppl. 1):90–96. doi:10.1159/000263877.

一个常见的问题是，如何为来自网络的资料编制参考文献，因为网络资料存在于无形的数据库中，而非放置于实体的书架上。《芝加哥格式手册》建议网络文献在采用与实体书相同的引文格式的基础上，添加数字对象标识符（Digital Object Identifier，DOI）或统一资源定位符（uniform resource locator，URL）。DOI是分配给文档和在线内容的唯一永久编号，这样即使它们被转移到其他网站，我们也能通过DOI找到它们。如果期刊文章没有DOI，则使用URL。例如，数据库JSTOR就同时提供了这两种方式；每篇期刊文章的"稳定路径"（stable URL）都位于JSTOR网页上，往往位于你用来创建参考文献的其他出版信息的附近。访问日期（你访问数据库的日期）不是必需的，但如果你决定添加访问日期，那么在其后请用英文句号进行分隔。

6. 期刊、报纸或大众杂志上的文章

作者姓, 名. 发表年份. "文章标题." *期刊名*卷（期）: 整篇文章的页码范围 .doi: 数字.

Hsu, Francis L. K. 1964. "Rethinking the concept 'primitive'." *Current Anthropology* 5(3):169–178. doi:10.2307/2740177.

7. 网站文章

作者姓, 名. 发表年份. "文章标题." *期刊名*, 卷（期）或期号. 访问日期 .URL.

Kolbert, Elizabeth. 2013. "Modern Life—Up All Night: The Science of Sleeplessness." *The New Yorker*, March 11. Accessed February 12, 2014. http://www.newyorker.com/reporting/2013/03/11/130311fa_fact_kolbert.

如果是没有作者的网站文章，则以文章标题作为参考文献的开头。

8. 网站

网站作者（可以是机构的名称，也可以是作者的姓，名）. 年份. "网页标题." 最后修改日期（如有则列出）. 访问日期 .URL.

Philadelphia Museum of Art. 2014. "Research: Conservation." Accessed February 12, 2014. http://www.philamuseum.org/conservation/.

致谢

我要感谢我的编辑托马斯·迪恩斯（Thomas Deans）和米娅·波（Mya Poe），感谢他们提供及时且极富教益的意见和建议。我还要感谢牛津大学出版社的编辑和文案团队，以及图书情报专业硕士詹妮弗·斯凯琳（Jenneffer Sixkiller），感谢他们为本书编制索引，如果没有他们，这部作品不可能像现在这么完善。特别感谢康涅狄格大学和奎因堡谷社区学院的学生作者们同意在文中展现他们的习作。感谢你们给我机会，让我可以与大家分享我对人类学和写作的热爱。我也非常感谢本书的评审专家：佐治亚大学的詹妮弗·贝尔奇（Jennifer Birch）、犹他大学的布瑞恩·F. 科丁（Brian F. Codding）、纽约州立大学新帕尔兹分校的约瑟夫·E. 戴蒙德（Joseph E. Diamond）、伊利诺伊大学芝加哥分校的莫莉·多恩（Molly Doane）、加利福尼亚大学圣迭戈分校的约瑟夫·汉金斯（Joseph Hankins）、犹他大学的莱斯利·A.纳普（Leslie A. Knapp）、不列颠哥伦比亚大学的莎莉·米尔曼（Shaylih Muehlmann）、巴克内尔大学的埃德蒙·瑟尔斯（Edmund Searles），以及明德学院的迈克尔·J.谢里丹（Michael J. Sheridan）。此外，我还要感谢我的家人和朋友，感谢他们在我意志消沉的时候对我一如既往的支持和鼓励。在经历这个过程之后，我成为一个更合格的作者和更自信的人类学家。

附录

人类学同行评议指南

当你在论文写作某个阶段感到步履维艰时,同行评议也许是一条获得写作反馈意见的有效途径。如果你认真对待同行评议,你将掌握以下技能:

- 学会给其他的学生作者提出建设性的批评意见。
- 学会接受他人对自己作品的反馈意见。
- 培养自己关注细节的能力。

即使是最优秀的专业作家,在整个写作过程中,也需要编辑给出中肯的反馈意见。同行评议在一定程度上类似编辑工作,但要注意我们不能将其视为单纯的语言编辑。同行评议的最佳方式是：在进行句子层面的语言编辑之前，先关注更"高层次"的问题，比如审视文章的分析和论证。下面这种方法是经过经验检验行之有效的方法：

1. 请作者指出希望你着重注意论文的哪些问题。作者可以把此类内容写在文稿的上面，比如说"希望你重点关注……"或者"我的结论部分略有不足，希望你批评帮助，特别是在思路的延伸/资料的整合上……"诸如此类。

2. 给作者提供自己对论文内容的概括，其中应包括你所认为的主要观点。

3. 以"我"的口吻回应作者，与其告诉作者该如何做，不如让他感受到你作为读者的体验。这样一来，作者就会自然而然地思考如何解决相应的问题。比如，你可以这样表达："当我读到这一部分时，我想起了……""我不太明白这一部分……""我很想看到基于这个想法的拓展延伸……"等等。

4. 重点关注更具广度和深度的问题。

- 论文的主要观点是什么？该观点是否清晰？论点是否合理？
- 文稿中哪一部分的内容最具说服力？哪些具体内容看起来有洞见性和前瞻性？
- 论证材料是否充分？是否准确？
- 行文脉络是否清晰？文章的布局和顺序是否合理？
- 是否有毫不相干或令人费解的内容？

5. 在作品中探寻人类学特有的问题

- 文章在何种程度上反映了文化相对论、情境/历史、描述、反身性？（适用于所有人类学的写作任务）
- 作者是否在写作中对种族、族群性、社会性别和特殊群体予以特别关注？（适用于所有人类学的写作任务）
- 文章在何种程度上评判了参考文献的优点和缺点？（适用于评论文章或文献综述）
- 文章本身与资料在何种程度上相互关联？两者之间的紧密度如何？（适用于阅读心得）
- 作者在何种程度上用恰当的语言传达出原文的情感、表现出材料中的口吻和风格，并反映出文本的质量？（适用于阅读心得）
- 作者在何种程度上关注了所评书籍或电影的历史/情境？（适用于书评/影评）
- 作者在何种程度上准确评价了书籍或电影的优点与不足？（适用于书评/影评）
- 书评/影评在何种程度上识别出作品本身的基本假设、显著特征、影响意涵或其他有趣之处？（适用于书评/影评）
- 作者对田野经历的描述做得如何？（适用于田野调查类任务）
- 作者在何种程度上表现出了反身性？（适用于田野调查类任务）

- 民族志材料组织的明晰度如何？（适用于田野调查类任务）
- 主题的明确度如何？太宽泛？太狭窄？太死板？（适用于文献综述、所有研究文章）
- 作者在何种程度上辨别出引文之间的关系和模式？（适用于文献综述、所有研究文章）
- 引言是否清楚道明主题并解释了其意义？（适用于所有研究文章）
- 引言是否对既有研究进行了概述？（适用于所有研究文章）
- 引言是否陈述了研究问题？（适用于所有研究文章）
- 引言是否解释了该研究是如何在先前研究的基础上建立和发展的？（适用于所有研究文章）
- 在切换内容时，作者是否进行了前后衔接？（适用于所有研究文章）
- 作品中的图表是否很好地呈现出研究结果？（适用于所有研究文章）
- 讨论部分对研究发现的总结做得如何？是否明确地指出了研究的优点和不足？是否很好地描述了该研究的未来趋势？（适用于所有研究文章）
- 摘要部分对研究内容的归纳做得如何？（适用于所有研究文章）

6. 作者的引文、引语和转述是否符合规范？

7. 如果你评阅的作品只是初稿，或许不应该过度关注语句层面的问题，但如果这是已经修改过的稿子，就应该评论一下哪些语句中存在一般性错误。可以给作者指出三个最应重点修改的问题。

拼写	主谓一致
代词	冗词赘句
残缺句和粘连句	主动/被动语态
冠词（a/an/the/zero）①	大写
复句结构	过渡词（太多、太少或者不合适）
标点符号	句子啰唆

8. 最后，可以向作者提出两个问题或修改建议。

---

① 中文没有冠词，英文冠词分为 a，an，the，以及零冠词 4 类。——译者注

注释

第一章

1. Vonnegut K. *Palm. sunday: an autobiographical collage*. New York: Delacorte Press; 1981.
2. Lett JW. *The human enterprise : a critical introduction to anthropological theory*. Boulder: Westview Press; 1987.
3. Clifford J, Marcus GE. *Writing culture: the poetics and politics of ethnography*. Berkeley: University of California; 1986.
4. McClaurin I. *Black. feminist anthropology : theory, politics, praxis, and poetics*. New Brunswick, NJ: Rutgers University Press; 2001.
5. Anderson L. "Analytic autoethnography". *Journal of Contemporary Ethnography* 2006; 35:373–395.
6. Narayan K. "Tools to shape texts: what creative nonfiction can offer ethnography". *Anthropology and Humanism* 2007; 32:130–144.
7. Tedlock D. "Poetry and ethnography: a dialogical approach". *Anthropology and*

Humanism 1999; 24:155–167.
8. Narayan K. "Ethnography and fiction: where Is the border?" *Anthropology and Humanism* 1999; 24:134–147.
9. Isbell BJ. *Finding cholita*. Urbana: University of Illinois Press; 2009.
10. Laterza V. "The ethnographic novel: another literary skeleton in the anthropological closet? " Suomen Anthropologi: *Journal of the Finnish Anthropological Society* 2007; 32:124–34.
11. Pettigrew TF. *How to think like a social scientist*. New York: HarperCollins College Publishers; 1996.
12. Beck S, Maida CA, eds. *Toward engaged anthropology*. New York: Berghahn Books; 2013.
13. Low Setha M, Merry Sally E. "Engaged anthropology: diversity and dilemmas: an introduction to supplement 2". *Current Anthropology* 2010; 51:S203–S226.
14. Davies CA. *Reflexive ethnography : a guide to researching selves and others*. London; New York: Routledge; 1999.
15. Salzman PC. "On reflexivity". *American Anthropologist* 2002; 104:805–11.# 162014 Cust: OUP Au: Brown Pg. No. 205
16. Robertson J. "Reflexivity redux: a pithy polemic on 'positionality' ". *Anthropological Quarterly* 2002; 75:785–792.
17. Pillow W. "Confession, catharsis, or cure? Rethinking the uses of reflexivity as methodological power in qualitative research". *International Journal of Qualitative Studies in Education* 2003; 16:175–196.
18. Ruby J. "Exposing yourself: reflexivity, anthropology, and film". *Semiotica* 1980; 30:153.
19. Herzfeld M. Essentialism. In: Barnard A, Spencer J, eds. *Routledge Encyclopedia of Social and Cultural Anthropology*. 2nd ed. London: England; 2010.
20. Brezina V. "Philosophical anthropology and philosophy in anthropology". In: Giri AK, Clammer JR, eds. *Philosophy and anthropology : border crossing and transformations*. New York: Anthem Press; 2013.
21. Human evolution timeline interactive. Smithsonian Institution, 2016. (Accessed March 1, 2016, at http://humanorigins.si.edu/evidence/human-evolution-timeline-interactive.)
22. Geertz C. "Thick description: toward an interpretive theory of culture". *The*

interpretation of cultures: selected essays. New York: Basic Books; 1973.

第四章

1. Lélé S, Norgaard RB. "Practicing interdisciplinarity". *BioScience* 2005; 55:967–975.
2. Schmidt R, Smyth M, Kowalski V. *Teaching the scientific literature review*. Santa Barbara: ABC-CLIO; 2014.
3. Booth WC, Colomb GG, Williams JM. *The craft of research*. Chicago: University of Chicago Press; 1995.
4. Hubbuch SM. *Writing research papers across the curriculum*. Fort Worth: Harcourt Brace Jovanovich; 1992.
5. Bessire L, Bond D. "Ontological anthropology and the deferral of critique". *American Ethnologist* 2014; 41:440–456.

参考文献

Agar, Michael. 1980. *The Professional Stranger: An Informal Introduction to Ethnography, Studies in Anthropology*. New York: Academic Press.

Anderson, Leon. 2006. "Analytic autoethnography." *Journal of Contemporary Ethnography* 35(4):373–395. doi:10.1177/0891241605280449.

Arnold, Lynnette. 2012."Reproducing actions, reproducing power: local ideologies and everyday practices of participation at a California community bike shop." *Journal of Linguistic Anthropology* 22(3):137–158. doi:10.1111/j.1548-1395.2012.01153.x.

Baer, Hans A., Merrill Singer, and Ida Susser. 2003. *Medical Anthropology and the World System*. 2nd ed. Westport, CT: Praeger.

Beck, Sam, and Carl A. Maida. 2013. *Toward Engaged Anthropology*. New York: Berghahn Books.

Berrett, Lorna. 2016. *Optimizing Your Article for Search Engines*. John Wiley & Sons. Available from https://authorservices.wiley.com/bauthor/seo.asp [Accessed March 4, 2016].

Bessire, Lucas, and David Bond. 2014. "Ontological anthropology and the deferral of critique." *American Ethnologist* 41(3):440–456. doi:10.1111/amet.12083.

Blommaert, Jan, and Dong Jie. 2010. *Ethnographic Fieldwork: A Beginner's Guide*. Bristol: Multilingual Matters.

Boeri, M. W., D. Gibson, and L. Harbry. 2009. "Cold cook methods: an ethnographic exploration on the myths of methamphetamine production and policy implications." *International Journal of Drug Policy* 20(5):438–443.

Bonanno, Alessandro, and Douglas H. Constance. 2001. "Globalization, Fordism, and post-Fordism in agriculture and food: a critical review of the literature." *Culture & Agriculture* 23(2):1–18. doi:10.1525/cag.2001.23.2.1.

Booth, Wayne C., Gregory G. Colomb, and Joseph M. Williams. 1995. *The Craft of Research*. Chicago: University of Chicago Press.

Brezina, Vaclav. 2013. "Philosophical Anthropology and Philosophy in Anthropology." In *Philosophy and Anthropology: Border Crossing and Transformations*, edited by Ananta Kumar Giri and J. R. Clammer. New York: Anthem Press.

Brooks, Peter, and Hilary Jewett. 2014. *The Humanities and Public Life*. New York: Fordham University Press.

Bryan, Andy. 2006. "Back from yet another globetrotting adventure, Indiana Jones checks his mail and discovers that his bid for tenure has been denied." *McSweeney's*, October 11. [Accessed January 17, 2013.] http://www.mcsweeneys.net/articles/back-from-yet-another-globetrotting-adventure-indiana-jones-checks-his-mail-and-discovers-that-his-bid-for-tenure-has-been-denied.

Bryant, Rebecca. 2014. "History's remainders: on time and objects after conflict in cyprus." *American Ethnologist* 41(4):681–697. doi:10.1111/amet.12105.

Burnard, Philip. 2004. "Writing a qualitative research report." *Nurse Education Today* 24(3):174–179. doi:http://dx.doi.org/10.1016/j.nedt.2003.11.005.

Carli, Linda L. 1990. "Gender, language, and influence." *Journal of Personality and Social Psychology* 59(5):941–951. doi:10.1037/0022-3514.59.5.941.

Chalk, Janine, Barth W. Wright, Peter W. Lucas, Katherine D. Schuhmacher, Erin R. Vogel, Dorothy Fragaszy, Elisabetta Visalberghi, Patrícia Izar, and Brian G. Richmond. 2016. "Age-related variation in the mechanical properties of foods processed by Sapajus libidinosus." *American Journal of Physical Anthropology* 159(2):199–209. doi:10.1002/ajpa.22865.

Clifford, James, and George E. Marcus. 1986. *Writing Culture: The Poetics and Politics of Ethnography*. Berkeley: University of California.

Constable, Nicole. 2003. *Romance on a Global Stage: Pen Pals, Virtual Ethnography, and "Mail-Order" Marriages*. Berkeley: University of California Press.

Cooper, Harris M., and American Psychological Association. 2011. *Reporting Research in Psychology: How to Meet Journal Article Reporting Standards*. Washington, DC: American Psychological Association.

Davies, Charlotte Aull. 1999. *Reflexive Ethnography: A Guide to Researching Selves and Others*. London; New York: Routledge.

De Brigard, Emilie. 2003. "The History of Ethnographic Film." In *Principles of Visual Anthropology*, edited by Paul Edward Hockings. Berlin; New York: Mouton de Gruyter.

Dow, James W. 2012. "The Anthropologists in Avatar." In *The Heroic Anthropologist Rides Again: The Depiction of the Anthropologist in Popular Culture*, edited by Frank A. Salamone. Newcastle: Cambridge Scholars Publishing.

Ellis, Stephen. 2006. "Witchcraft, violence, and democracy in South Africa." *American Anthropologist* 108 (2):401-401. doi: 10.1525/aa.2006.108.2.401.

Emerson, Robert M., Rachel I. Fretz, and Linda L. Shaw. 1995. *Writing Ethnographic Fieldnotes, Chicago Guides to Writing, Editing, and Publishing*. Chicago: University of Chicago Press.

Fernea, Elizabeth Warnock. 1989. *Guests of the Sheik: An Ethnography of an Iraqi Village*. New York: Doubleday.

First Nations Studies Program, University of British Columbia. 2009. *Identity: Terminology*. Available from http://indigenousfoundations.arts.ubc.ca/home/identity/terminology.html [Accessed March 4, 2016].

Geertz, Clifford. 1973. "Thick description: toward an interpretive theory of culture." In *The Interpretation of Cultures: Selected Essays*. New York: Basic Books.

Gorden, Raymond L. 1992. *Basic Interviewing Skills*. Itasca, IL: F. E. Peacock.

Grinker, Roy Richard. 2000. *In the Arms of Africa: The Life of Colin M. Turnbull*. New York: St. Martin's Press.

Hacker, Diana, Samuel Cohen, Barbara D. Sussman, and Maria Villar-Smith. 2007. *Rules for Writers*. 5th ed. Boston; New York: Bedford/St. Martin's.

Hannig, Anita. 2015. "Sick healers: chronic affliction and the authority of experience at an ethiopian hospital." *American Anthropologist* 117(4):640–651. doi:10.1111/aman.12337.

Harris, Joseph. 2006. *Rewriting: How to Do Things with Texts*. Logan: Utah State University Press.

Harris, Marvin. 1992. "The cultural ecology of India's sacred cattle." *Current Anthropology* 33(1):261–276. doi:10.2307/2743946.

Heider, Karl G. 2007. *Ethnographic Film*. Austin: University of Texas Press.

Herzfeld, Michael. 2010. "Essentialism." In *Routledge Encyclopedia of Social and Cultural Anthropology*, edited by Alan Barnard and Jonathan Spencer. London: Routledge.

Hubbuch, Susan M. 1992. *Writing Research Papers Across the Curriculum*. Fort Worth, TX: Harcourt Brace Jovanovich.

Isbell, Billie Jean. 2009. *Finding Cholita*. Urbana: University of Illinois Press.

JAMA Internal Medicine. 2016 (February 11). *JAMA Internal Medicine Instructions for Authors*. Available from http://archinte.jamanetwork.com/public/instructionsForAuthors.aspx [Accessed March 4, 2016].

Johnson Jr., William A., Richard P. Rettig, Gregory M. Scott, and Stephen M. Garrison. 2004. *The Sociology Student Writer's Manual*. Upper Saddle River, NJ: Pearson Education.

Kaprow, Miriam Lee. 1985. "Manufacturing danger: fear and pollution in industrial society." *American Anthropologist* 87(2):342–356. doi:10.1525/aa.1985.87.2.02a00070.

Kent, Michael, Ricardo Ventura Santos, and Peter Wade. 2014. "Negotiating imagined genetic communities: unity and diversity in Brazilian science and society." *American Anthropologist* 116(4):736–748. doi:10.1111/aman.12142.

Khazaleh, Lorenz. 2007. "Anthropologists condemn the use of terms of 'Stone Age' and 'primitive'." In *antropologi.info*, edited by Lorenz Khazaleh.

Ladner, Sam. 2014. *Practical Ethnography: A Guide to Doing Ethnography in the Private Sector*. Walnut Creek, CA: Left Coast Press.

Laterza, Vito. 2007. "The ethnographic novel: another literary skeleton in the anthropological closet?" *Suomen Anthropologi: Journal of the Finnish Anthropological Society* 32(2):124–134.

Lee, Richard Borshay. 2007. "Eating Christmas in the Kalahari." In *Annual Editions: Anthropology 07/08*, edited by Elvio Angeloni. Guilford, CT: Dushkin Publishing Group.

Lélé, Sharachchandra, and Richard B. Norgaard. 2005. "Practicing interdisciplinarity."

BioScience 55(11):967–975. doi:10.1641/0006-3568(2005)055[0967:pi]2.0.co;2.

Lett, James William. 1987. *The Human Enterprise: A Critical Introduction to Anthropological Theory*. Boulder, CO: Westview Press.

Low, Setha M., and Sally Engle Merry. 2010. "Engaged anthropology: diversity and dilemmas: an introduction to supplement 2." *Current Anthropology* 51(S2):S203–S226. doi:10.1086/653837.

Marcus, George E. 2009. "Notes Toward an Ethnographic Memoir of Supervising Graduate Research Through Anthropology's Decades of Transformation." In *Fieldwork Is Not What It Used To Be: Learning Anthropology's Method in a Time of Transition*, edited by James D. Faubion and George E. Marcus. Ithaca, NY: Cornell University Press.

Marr, Bernard. 2014 (November 24). "People, please stop using pie charts." *Entrepreneur Magazine*. Available from http://www.entrepreneur.com/article/239932 [Accessed March 4, 2016].

Matthews, Janice R., and Robert W. Matthews. 2008. *Successful Scientific Writing: A Step-by-Step Guide for the Biological and Medical Sciences*. 3rd ed. Cambridge, UK; New York: Cambridge University Press.

McClaurin, Irma. 2001. *Black Feminist Anthropology: Theory, Politics, Praxis, and Poetics*. New Brunswick, NJ: Rutgers University Press.

McGill, Kenneth. 2013. "Political economy and language: a review of some recent literature." *Journal of Linguistic Anthropology* 23 (2):E84–E101. doi:10.1111/jola.12015.

Moore, David Chioni. 1994. "Anthropology is dead, long live anthro(a)pology: poststructuralism, literary studies, and anthropology's 'nervous present'." *Journal of Anthropological Research* 50(4):345–365. doi:10.2307/3630558.

Mukhopadhyay, Carol C., and Yolanda T. Moses. 1997. "Reestablishing 'race' in anthropological discourse." *American Anthropologist* 99(3):517–533. doi:10.1525/aa.1997.99.3.517.

Mulder, Monique Borgerhoff, T. M. Caro, James S. Chrisholm, Jean-Paul Dumont, Roberta L. Hall, Robert A. Hinde, and Ryutaro Ohtsuka. 1985. "The use of quantitative observational techniques in anthropology [and comments and replies]." *Current Anthropology* 26(3):323–335.

Narayan, Kirin. 1999. "Ethnography and fiction: where is the border?" *Anthropology and Humanism* 24(2):134–147. doi:10.1525/ahu.1999.24.2.134.

Narayan, Kirin. 2007. "Tools to shape texts: what creative nonfiction can offer ethnography." *Anthropology and Humanism* 32(2):130–144. doi:10.1525/ahu.2007.32.2.130.

National Cancer Institute—Office of Communications and Education. 2011. *Making Data Talk: A Workbook.* Bethesda, MD: U.S. Dept. of Health and Human Services, National Institutes of Health, National Cancer Institute.

National Park Service, U.S. Department of the Interior. 2016. *Ancestral Puebloans and Their World*. Available from http://www.nps.gov/meve/learn/education/upload/ancestral_puebloans.pdf [Accessed March 4, 2016].

Nelson, Margaret C., Scott E. Ingram, Andrew J. Dugmore, Richard Streeter, Matthew A. Peeples, Thomas H. McGovern, Michelle Hegmon, Jette Arneborg, Keith W. Kintigh, Seth Brewington, Katherine A. Spielmann, Ian A. Simpson, Colleen Strawhacker, Laura E. L. Comeau, Andrea Torvinen, Christian K. Madsen, George Hambrecht, and Konrad Smiarowski. 2016. "Climate challenges, vulnerabilities, and food security." *Proceedings of the National Academy of Sciences* 113(2):298–303. doi:10.1073/pnas.1506494113.

Pettigrew, Thomas F. 1996. *How to Think Like a Social Scientist*. New York: HarperCollins College Publishers.

Pillow, Wanda. 2003. "Confession, catharsis, or cure? Rethinking the uses of reflexivity as methodological power in qualitative research." *International Journal of Qualitative Studies in Education* 16(2):175–196. doi: 10.1080/0951839032000060735.

Pyburn, K. Anne. 2008. "Shaken, not stirred: the revolution in archaeology." *Archeological Papers of the American Anthropological Association* 18(1):115–124. doi:10.1111/j.1551-8248.2008.00009.x.

Ramage, John D., and John C. Bean. 2000. *The Allyn and Bacon Guide to Writing*. Boston: Allyn and Bacon.

Roberts, David. 2015. *The Lost World of the Old Ones: Discoveries in the Ancient Southwest*. New York: W. W. Norton & Company.

Robertson, Jennifer. 2002. "Reflexivity redux: a pithy polemic on 'positionality'." *Anthropological Quarterly* 75(4):785–792.

Rosnow, Ralph L., and Mimi Rosnow. 2012. *Writing Papers in Psychology: A Student Guide*. 9th ed. Belmont, CA: Wadsworth Publishing.

Ruby, Jay. 1980. "Exposing yourself: reflexivity, anthropology, and film." *Semiotica* 30(1-2):153. doi:10.1515/semi.1980.30.1-2.153.

参考文献

Salamone, Frank A. 2012. *The Heroic Anthropologist Rides Again: The Depiction of the Anthropologist in Popular Culture*. Newcastle: Cambridge Scholars Publishing.

Salzman, Philip Carl. 2002. "On reflexivity." *American Anthropologist* 104(3):805–811. doi:10.1525/aa.2002.104.3.805.

Schensul, Jean J., and Margaret Diane LeCompte. 1999. *Ethnographer's Toolkit*. Walnut Creek, CA: AltaMira Press.

Schmidt, Randell, Maureen Smyth, and Virginia Kowalski. 2014. *Teaching the Scientific Literature Review*. Santa Barbara, CA: ABC-CLIO.

Simpson, Bob. 2000. "Imagined genetic communities: ethnicity and essentialism in the twenty-first century." *Anthropology Today* 16(3):3–6. doi:10.1111/1467-8322.00023.

Smithsonian Museum of Natural History. 2016 (February 29). *Human Evolution Timeline Interactive*. Available from http://humanorigins.si.edu/evidence/human-evolution-timeline-interactive [Accessed March 1, 2016].

Smyth, T. Raymond. 2004. *The Principles of Writing in Psychology*. Houndmills: Palgrave Macmillan.

Society for American Archaeology. 2014. "Editorial policy, information for authors, and style guide for *American Antiquity, Latin American Antiquity and Advances in Archaeological Practice*." Available from http://www.saa.org/AbouttheSociety/Publications/StyleGuide/tabid/984/Default.aspx [accessed October 14, 2014].

Sterk, Claire E. 2000. *Tricking and Tripping: Prostitution in the Era of AIDS*. Putnam Valley, NY: Social Change Press.

Sternberg, Robert J. 1993. *The Psychologist's Companion: A Guide to Scientific Writing for Students and Researchers*. 3rd ed. Cambridge: Cambridge University Press.

Sullivan, Patrick. Writing With Your Head in Your Hands. Durham University Department of Anthropology, May 23, 2016 [Accessed December 12 2015]. Available from https://www.dur.ac.uk/writingacrossboundaries/writingonwriting/patricksullivan/.

Tedlock, Barbara, and Jane Kepp. 2005. "Some tips for better writing." *Anthropology News* 46(4):36. doi:10.1525/an.2005.46.4.36.1.

Tedlock, Dennis. 1999. "Poetry and ethnography: a dialogical approach." *Anthropology and Humanism* 24(2):155–167. doi:10.1525/ahu.1999.24.2.155.

Tong, Allison, Peter Sainsbury, and Jonathan Craig. 2007. "Consolidated Criteria for Reporting Qualitative Research (COREQ): a 32-item checklist for interviews and focus groups." *International Journal for Quality in Health Care* 19(6):349–357. doi:10.1093/intqhc/mzm042.

Toulmin, Stephen. 1958. *The Uses of Argument*. Cambridge: Cambridge University Press.

Toulson, Ruth E. 2014. "Eating the food of the gods: interpretive dilemmas in anthropological analysis." *Anthropology and Humanism* 39(2):159–173. doi:10.1111/anhu.12053.

Turnbull, Colin M. 1961. *The Forest People*. New York: Simon and Schuster.

U. S. Census Bureau. 2013 (July 25). *Hispanic Origin*. Available from http://www.census.gov/topics/population/hispanic-origin/about.html [Accessed March 4, 2016].

University of Adelaide Writing Centre. 2014. *Writing an Abstract*. Available from https://www.adelaide.edu.au/writingcentre/learning_guides/learningGuide_writingAnAbstract.pdf [Accessed December 10, 2014].

Villarreal, Yazmin. 2015 (March 27). *Sweden Is Adding a Gender-Neutral Pronoun to Its Dictionary*. Available from http://www.advocate.com/world/2015/03/27/sweden-adding-gender-neutral-pronoun-its-dictionary [Accessedd March 4, 2016].

Vonnegut, Kurt. 1981. *Palm Sunday: An Autobiographical Collage*. New York: Delacorte Press.

Weida, Stacy, and Karl Stolley. 2014 (November 6). *Organizing Your Argument*. Purdue University Online Writing Lab. Available from https://owl.english.purdue.edu/owl/resource/588/03/ [Accessed March 4, 2016].

Williams, Drid. 2000. *Anthropology and Human Movement: Searching for Origins*. Lanham, MD: Scarecrow Press.

Williams, Joseph M. 1990. *Style: toward Clarity and Grace*. Chicago, IL: University of Chicago Press.

Wolcott, Harry F. 1995. *The Art of Fieldwork*. Walnut Creek, CA: AltaMira Press.

Wolcott, Harry F. 2010. *Ethnography Lessons: A Primer*. Walnut Creek, CA: Left Coast Press.

Writing Center, University of North Carolina at Chapel Hill. 2012. *Understanding Assignments*. Available from http://writingcenter.unc.edu/handouts/understanding-assignments/ [Accessed November 15, 2014]

索引

A

AAA *see* American Anthropological Association AAA参见"美国人类学协会"
AAA/Chicago style AAA/芝加哥格式 186–192
    article citation 文章引用 192
    book citation 书籍引用 190
    capitalization 大写 189
    in-text citations 文中夹注 186–187
    journal articles citation 期刊文章引用 191
    multiple references, and 多篇参考文献,和 190–191
    references list, and 参考文献列表,和 188–189
    special cases, and 特殊案例,和 187–188
    websites, and 网站,和 188
Abstract 摘要 123–127
Abu-Lughod, Lila 阿布–卢赫德,莱拉 5
Academic Search Premier database 学术研究数据库 68
Acknowledgement section 致谢部分 171–173

AD (*Anno Domini*) 公元(耶稣纪年) 136–137
Adjectives, empty 形容词, 空洞的 100
Agar, Michael 阿加, 迈克尔 37–38, 114
Agency, special writing concerns 能动性, 特殊的写作关注点 17
AH (After the Hejira) 公元(伊斯兰教纪元后) 136
Amazon.com website 亚马逊网站 69
American Anthropological Association (AAA) 美国人类学协会(简称AAA) 13, 139, 169
American Antiquity (AmAntiq)《美国文物》(简称"AmAntiq") 169
American Ethnologist《美国民族学家》104
American Journal of Physical Anthropology (AJPA)《美国体质人类学杂志》126, 169
"Amniocentesis in sociocultural perspective"《社会文化视角下的羊膜穿刺术》191
Analysis 分析
 vs. Description ……与描述 52
 ethnographic 民族志的 76
 interactional 互动的 76
 in response papers 在心得报告中 25, 28
 types of ……的类型 2, 76
 your reactions in ……中你的感受 28
Annual Meeting of the American Anthropological Association 美国人类学协会的年会计划 4
Anthropologies《人类学》4
"The Anthropologists in *Avatar*"《〈阿凡达〉中的人类学家》176
Anthropology 人类学
 diversity in ……中的多样性 6
 as holistic discipline 作为整体性学科 67
 subdisciplines in ……中的分支学科 5, 6, 11, 76
Anthropology and Humanism《人类学与人文主义》124
Anthropology and Human Movement《人类学与人类运动》94
Anthropology of Consciousness 意识人类学 4
Anthropology of Europe 欧洲人类学 4
Anthropology of Food and Nutrition 食物与营养人类学 4
Anthropology of North America 北美人类学 4
Anthropology of Religion 宗教人类学 4
Anthropology of Work 工作人类学 4
Anthropology Plus database "人类学+"数据库 68
Anthropology Today《今日人类学》32
Anthropology Review Database 人类学评介数据库 30
Anthrosource database "人类学资源"数据库 35, 68

Appadurai, Arjun 阿帕杜莱, 阿尔君 5
Appositives 同位语 162
Archaeologists 考古学家 92
    see also Subfields of anthropology 另见"人类学的分支领域"
Argument 论点
    body of critical research paper 批判研究性论文的正文 111
    critical research 批判性研究 94
    how to develop 如何发展 95
    questions to ask 提出的问题 94
Arnold, Lynnette 阿诺德, 琳内特 75
Article review 文章评论 76
Article selection 文章选择
    abstract review 摘要评介 76
    analysis, example of 分析, ……的示例 78
    approach, how to 获得, 如何 75
    author's voice 作者的陈述 79
    data and 数据和…… 78
    key information extraction and 关键信息提炼和…… 74–76
    methodology used 使用的方法论 78
    purpose identification 意图确定 77
    questions 问题 74–77
    relativity to other studies and 与其他研究的相关性…… 78–79
Asia 亚洲 102
Association of Social Anthropologists 社会人类学家协会 164
Assumptions 假设 21
Australia 澳大利亚 91
Auto-ethnography 自我民族志 7
    see also writing types 另见"写作类型"
Avatar《阿凡达》176–177

B

Backgrounds, racial and ethnic 背景, 种族的和族群的 131
Backing 支撑 94
Baer, Hans A., Merrill Singer, and Ida Susser 贝尔, 汉斯·A、梅瑞尔·辛格和艾达·萨瑟 182, 187, 190
Bahir Dar, Ethiopia 巴希尔达尔, 埃塞俄比亚 108

Baker, Lee D. 贝克，李·D 5
Basra, Iraq 巴士拉，伊拉克 179
Bateson, Gregory 贝特森，格雷戈里 7
BC ("before Christ") 公元前（"耶稣降生前"）136–137
BCE ("before the Common Era") 公元前（"公历纪元前"）136–137, t138
Beck, Sam, and Carl A. Maida 贝克，山姆和卡尔·A. 梅达 13
Berrett, Lorna 贝雷特，罗娜 127
Bessire, Lucas, and David Bond 贝西尔，卢卡斯和大卫·邦德 71
"Better/Thicker Description," "更好/更深的描述" 17
    see also Description 另见"描述"
    see also "Thick description" 另见"深描"
BH (Before the Hejira) BH（伊斯兰教纪元前）136
Bias, racial 偏见，种族的 129
"Bibliographic trails," "文献轨迹" 69
Bibliography, annotated 书目，注释 65
Bindon, James 宾登，詹姆斯 5
Biological anthropologists 生物人类学家 92
    see also Subfields of anthropology 另见"人类学的分支领域"
Blogs 博客 24
Blommaert, Jan and Dong Jie 布鲁马特，扬和董洁 37, 45, 49, 56, 58
Boas, Franz 博厄斯，弗朗兹 2, 5
Boeri, M. W., D. Gibson, and L. Harbry 博埃里，M. W、D. 吉布森和L. 哈布莱 114
Bonanno, Alessandro, and Douglas H. Constance 博纳诺，亚历桑德罗和道格拉斯·H.康斯坦斯 81, 83
Bones《识骨寻踪》8
Book/Film Review 书评/影评 f19, 30, 42
    In contrast with other styles 与其他类型对比 31
    criticism and praise in ……中的批评与表扬 33
    examples of ……的示例 32
    Filmmakers' choices in ……中电影制作人的处理方式 35
    introductions for ……的引言 32
    "I" statements 第一人称陈述 34
    key terms 关键术语 35
    metadata 元数据 35
    outside sources 外部资料来源 35
    peer-reviewed research 同行评议型研究 30
    purpose of summary 总结的目的 36

processes for writing 写作的过程 32
purpose of ……的目标 31
questions to ask yourself 自我反思的问题 36
scholarly journals 学术期刊 30
standards of measurement for ……中测量的标准 31
strategies for critique 写评论文章的方法 34–35
use of summary 总结的使用 33
use of theme 主题的使用 30

Boolean operators *see* Operators, Boolean 布尔运算参见运算，布尔
Bourdieu, Pierre 布迪厄，皮埃尔 5
BP (before present) BP（距今年代）t138
Brazil 巴西 37, 180
Brezina, Vaclav 布雷齐纳，瓦茨拉夫 15
Brooks, Peter, and Hilary Jewett 布鲁克斯，皮特和希拉里·朱厄特 18
Bryant, Rebecca 布莱恩特，丽贝卡 104
Burnard, Philip 伯纳德，菲利普 181

C

California 加利福尼亚 75–78
Calvin and Hobbes《卡尔文与霍布斯虎》161
Calvin, William 卡尔文，威廉 190
Carli, Linda L. 卡利，琳达·L 141
Case studies 案例研究 61
CE (Common Era) 公元（公历纪元）136–137, t138
Chalk, Janine, Barth W. Wright, Peter W. Lucas, Katherine D. Schuhmacher, Erin R. Vogel, Dorothy Fragaszy, Elisabetta Visalberghi, Patrícia Izar, and Brian G. Richmond 乔克，珍妮、巴斯·W. 赖特、皮特·W. 卢卡斯、凯瑟琳·D. 舒赫马赫、艾琳·R. 沃格尔、多萝西·法喀西、伊丽莎塔·维萨尔贝吉、帕特里夏·伊扎尔和布瑞恩·G. 里士满 126
Charts 图表 117
Checklist for assessing synthesis 评估有无综合讨论的检查单 88–89
Checklist for introductions in critical research papers 批判研究性论文中的引言写作清单 108
Chicago Manual of Style, The《芝加哥格式手册》169, 189, 191
Choices, of filmmakers 处理方式，电影制作人的 35
Citations 引用 169, 171
Claim 论点 93
Clauses, Repetitive 从句，同位语 157

Clifford, James, and George E. Marcus 克利福德，詹姆斯和乔治·E. 马库斯 3

"Climate challenges, vulnerabilities, and food security,"《气候挑战、脆弱性和粮食安全》119

Coding, thematic 编码，主题的 61

Colonialism 殖民主义 2, 35

Columbia University 哥伦比亚大学 2

Coming of Age in Samoa《萨摩亚人的成年》 163

"Communicating About Chromosomes: Patients, Providers, and Cultural Assumptions,"《关于染色体的交流：患者、医疗服务提供者和文化假设》190

Compare/contrast paper 比较/对比文章 f19, 22–23, 42

Comparisons 比较 167–168

Concision 简明扼要 142–144

Conclusions 结论

 critical research thesis, in 批判研究性论题，在……中 95

 critiques, in 评论文章，在……中 24

 literature reviews, in 文献综述，在……中 81

 examples of ……的示例 89

 introductions, in 引言，在……中 90

 purpose of ……的目的 111

Conflict 冲突 17

Connections 关联 28

Constance 康斯坦斯 81–83

Consolidated Criteria for Reporting Qualitative Studies (COREQ)《定性研究报告统一标准》(简称"COREQ") 115

Constable, Nicole 康斯特布尔，尼科尔 98–100

Context 语境 15, 28

Cooper Union 库珀大学 18

COREQ *see* Consolidated Criteria for Reporting Qualitative Studies COREQ参见《定性研究报告统一标准》

Counterarguments 反论点 110

Counterclaim 反论点 94

Critical distance 批判性距离 10–11, 93

Critical research paper 批判研究性论文 42, f65

 arguments in ……中的论点 95

 conclusions for thesis 论题的结论 95

 introductions 引言 101

 literature review 文献综述 93

Critical thinking skills 批判性思维 93

Criteria, inclusion 标准，入选 72–73
Critique 评论文章 f19, 42
    and analysis 和分析 20
    assumptions in ……中的假设 20
    conclusions in ……中的结论 24
    contrast with other papers, in 与其他论文对比, 在……中 31
    example of ……的示例 21
    logic 逻辑 20
    of multiple sources 多种来源的 22
    purpose of ……的目标 18
    similarity to reading responses 与心得报告的相似性 24
    strategies for ……的策略 18
    structure and approach for ……的结构和方法 19
    suggestions for ……的建议 20
    summary, and 总结, 和 20
    types of ……的类型 18
Cross-referencing 相互参照 69, 71
"The Cultural Ecology of India's Sacred Cattle,"《印度圣牛的文化生态学》21
Cultural anthropology 文化人类学 91
Cultural relativism 文化相对论 14–15
Culture & Agriculture《文化与农业》81
Cyprus 塞浦路斯 105

D

Darwin, Charles 达尔文, 查尔斯 5
Data 数据 17, 93
    analysis 分析 59
    collection types 收集类型 46–47
    extraction 提炼 59
    IMRD report methods IMRD报告方法 114, 116–117
    Interview goals 访谈目标 57
    "long-term fieldwork," "长期的田野调查" 105
    presentation of ……的展示 116–117
Databases 数据库 68
Debates 争论 3
De Brigard, Emilie 德·布里加德, 艾米莉 35

Description 描述
  abstracts 摘要 124–125
  essentiality for analysis 分析的必要性 15
  examples of ……的示例 16
  need for in writing 写作中需要的 15
  thick 深 17
Dialog 对话 54
Digital Object Identifier (DOI) 数字对象标识符（简称"DOI"）191
Discussion 讨论 118–119
Distance, vs. engagement 抽离与介入 11
Douglas, Mary 道格拉斯，玛丽 32
Dow, James W. 道，詹姆斯·W 176–177
Drawings 绘图 46
Dressler, William 德莱斯勒，威廉 5

E

"Eating Christmas in the Kalahari,"《在卡拉哈里吃圣诞大餐》29
"Eating the food of the gods: interpretive dilemmas in anthropological analysis,"《吃神的食物：人类学分析中的解释困境》124
Editing 编辑 129
Elaboration 详细阐述 27
El Nahra, Iraq 埃尔纳赫拉，伊拉克 142, 162, 174–175, 79
El Salvador 萨尔瓦多 84
Emerson, Robert M., Rachel I. Fretz, and Linda L. Shaw 艾默生，罗伯特·M、瑞秋·I.弗雷茨和琳达·L. 肖 58–59
Emic, perspective of 主位，……的角度 2
Ethnic groups 族群 130
Emotion 情感 25
Endnote software Endnote软件 189
Engaged anthropology see Engagement 介入人类学参见"介入"
Engaged Anthropology Grant "介入人类学基金" 13
Engagement 介入 11–13
Essay format 散文格式 61
Essentialism 本质主义 15
Ethiopia 埃塞俄比亚 106–108
Ethnicity 族群性 129–130

Ethnocentrism 种族中心主义 14–15, 60
Ethnography 民族志 7, f42, 62
    data presentation 资料展示 61
    definition of ……的定义 40
    purpose of ……的目标 46
"Ethnographic interview," "民族志访谈" 56
Ethnographic writing 民族志写作 12
Etic, perspective of 客位,……的角度 2
Evidence, importance of 证据,……的重要性 98
Evolution of Intelligence, The《智力的进化》190
Exaggeration 夸大其词 168
Expectations 要求 23
"Expectations of Anthropological Writing," "人类学写作的要求" 59

F

Fabrication and plagiarism 捏造与剽窃 170–171
"Fact sheet," "材料单" 22
Feedback, negative 反馈,消极的 11
Fernea, Elizabeth 费尔内亚,伊丽莎白 142, 174
Fetal Diagnosis and Therapy《胎儿诊断和治疗》190–191
Field-based papers 田野调查论文 f42
Field research *see* Fieldwork 田野研究参见"田野调查"
Fieldwork 田野调查 6, 8, 10
    commonalities among disciplines 学科间的共性 4
    detailed notes 详细的笔记 53
    difficulties of ……的困难 37
    emotions 情感 38
    examples of ……的示例 50–53
    exoticising 殊异化 8
    human participation in ……中人的参与 40
    importance of writing 写作的重要性 7
    materials in ……中的材料 49
    misunderstanding of ……的误解 39
    notes 笔记 49
    objects in ……中的物品 48
    sequence of events 事件的顺序 49

setting 环境 47
　　unpredictability of ……的不可预测性 38
　　use of language in ……中语言的使用 48
　　vulnerability in ……中的脆弱性 39
Fieldwork, student 田野调查，学生
　　common problems in ……中的常见问题 41, 47
　　data management 资料管理 43
　　dialog, use of 对话，……的使用 54
　　ethical implications 伦理影响 46
　　example of ……的示例 41
　　local 当地 45
　　locations for ……的位置 44
　　"make the familiar strange," "让熟悉的事物变得陌生" 55
　　mistakes in ……中的错误 43
　　purpose of ……的目标 42
Fieldwork Is Not What it Used to Be《田野调查今非昔比》40
Films, ethnographic 电影，民族志的 35–36
First Nations Studies Program《第一民族研究计划》132
Flow improvement 顺畅度的提升 152–154
Focus 重点 27
Footnotes 脚注 180
Forest People, The《森林民族》171
Form, consent 书，同意 57
Foucault, Michel 福柯，米歇尔 5
French West Indies 法属西印度群岛 49
Functionalism 功能主义 4

G

Geertz, Clifford 格尔茨，克利福德 5, 17, 55, 128
Generalization, empirical 归纳，实证 22
Germano, William 杰尔马诺，威廉 18
Google Scholar software 谷歌学术软件 67
Google search engine 谷歌搜索引擎 67–68, 188
Gorden, Raymond L. 戈登，雷蒙德·L 56
Graphs, line 图，线状 117
Grinker, Roy Richard 克林葛，罗伊·理查德 171–172

Guadeloupe (French West Indies) 德罗普岛（法属西印度群岛） 49
Guests of the Sheik 《酋长的客人》142, 174, 179

H

Hacker, Diana, Samuel Cohen, Barbara D. Sussman, and Maria Villar-Smith 哈克，戴安娜、塞缪尔·科恩、芭芭拉·D. 苏斯曼和玛丽亚·维拉尔–史密斯 183
Hannig, Anita 汉尼格，安妮塔 105
Hans A. Baer, Merrill Singer, and Ida Susser 汉斯·A. 贝尔、梅瑞尔·辛格和艾达·萨瑟 182
Harris, Joseph 哈里斯，约瑟夫 24
Harris, Marvin 哈里斯，马文 21–22
Harvard University 哈佛大学 159
Headings 标题 88
Heider, Karl G. 海德，卡尔·G 35
Hierarchy 层次 61
Heroic Anthropologist Rides Again: The Depiction of the Anthropologist in Popular Culture, The 《英雄人类学家的再现：大众文化中的人类学家形象》176
Hinduism 印度教 21
Histogram 直方图 117
"History's remainders: on time and objects after conflict in Cyprus,"《历史的遗迹：塞浦路斯冲突后的时间与物品》104
Holocene 全新世 102
Homophones 同音字词 165–166
Homo Sapiens 智人 15
Hubbuch, Susan M. 哈布赫，苏珊·M. 70

I

"Identity in Mashpee,"《马什皮的身份认同》190
Implicit bias 内隐偏见 60
IMRaD IMRaD格式 61
IMRD (Introduction/Methods/Results/Discussion) paper IMRD（引言/方法/结果/讨论）格式论文 42, 76, 91, f92
    ethnographies, in 民族志，……中 63
    Introduction 引言 119–122
    literature reviews 文献综述 112
    methods section 方法部分 113

naturalistic research 自然主义研究 112
　　publishing research 出版研究 92
　　results section 结果部分 115
　　structure of ……的结构 92
India 印度 21–22
Indiana Jones《夺宝奇兵》8
Indigenous people 原住民 132
Inequality 不平等 17
Inferences 推断 54
Institutional Review Board (IRB) 机构审查委员会（简称IRB）40, 45, 62
Interpretation words, defense of ideas 解释类动词，观点的辩护 148–149
Interviews, guide development 访谈，指导发展 56–57
Introduction 引言
　　arguments 论点 120
　　Book/Film Reviews 书评/影评 32
　　contribution to field 对该领域的贡献 103–104, 122
　　critical research paper 批判研究性论文 101, 103, 105, 109
　　definition of ……的定义 109
　　five moves of research relevancy 研究性论文起承转合的5个步骤 101
　　IMRD reports IMRD报告 119–120
　　literature reviews, in 文献综述，……中 81
　　methodology 方法论 104
　　purpose of ……的目的 27
　　response papers, in 心得报告，……中 27
　　Verbs 动词 105
IRB *see* Institutional Review Board IRB参见"机构审查委员会"
"I"statements 第一人称陈述 105
　　awkward example of 尴尬的示例 141
　　in Book/Film Reviews 在书评/影评中 34
　　good example of 关于……好的示例 142
　　high school "rule," 高中的"规则" 140
　　overuse 过度使用 141
　　regular 常规 141
Items in a series 排比词语的平行表述方法 157–158

索　引

J

JAMA *see Journal of the American Medical Association* (JAMA) *Internal Medicine*　JAMA 参见《美国医学会杂志（JAMA）·内科学卷》

Jewett, Hilary　朱厄特, 希拉里　18

Jargon　行话　161–162

Jie, Dong　洁, 董　37, 45, 49, 56, 58

Johnson Jr., William A., Richard P. Rettig, Gregory M. Scott and Stephen M. Garrison　小约翰逊, 威廉·A、理查德·P. 雷蒂希、格雷戈里·M. 斯科特和史蒂芬·M. 加里森　95

Journal of the American Medical Association (JAMA) *Internal Medicine*《美国医学会杂志（JAMA）·内科学卷》131, 135

Journal of the American Medical Women's Association《美国医学会杂志·妇女协会卷》190

Journal of Animal Science (JAS)《动物科学杂志》(简称"JAS")169

Journal of Genetic Counseling《遗传咨询杂志》191

Journal of Human Evolution (JHE)《人类进化杂志》(简称"JHE")169

Journal of Linguistic Anthropology《语言人类学杂志》75

Journals　期刊/杂志　30, 131–132

JSTOR database　JSTOR数据库　191

Justice, social　正义, 社会的　13

K

Kaprow, Miriam Lee　卡普罗, 米里亚姆·李　32

Kent, Michael, Ricardo Santos, and Peter Wade　肯特, 迈克尔、里卡多·桑多斯和皮特·韦德　180

Keywords　关键词　28, 35, 152

Khazaleh, Lorenz　哈扎勒, 洛伦兹　164

Kleinman, Arthur　凯博文/克莱曼, 阿瑟　159–160

Knowledge, common　知识, 共同的　170

L

Ladner, Sam　拉德纳, 山姆　41, 46, 58, 180

Language　语言　53–54, 138–139

Larsen, Gary　拉尔森, 加里　164

Lee, Richard　李, 理查德　29–30

Lévi-Strauss, Claude　列维–斯特劳斯, 克洛德　5

Librarians 图书管理员 67, 70
Life story 人生故事 61
Linguistic anthropologist 语言人类学家 76
Literature Review 文献综述 42, *f* 65
    body paragraphs 主体段落 86–87
    checklist for synthesis assessment 评估有无综合讨论的检查单 88–89
    citation searching 引文搜索 71
    conclusions in ……中的结论 89
    contextual importance in ……中情境化的重要性 84
    critical research paper 批判研究性论文 93
    cross-referencing in ……中的相互参照 71
    definition of ……的定义 64
    development of argument 论点的发展 80
    direct quotations 直接引用 85
    example of ……的示例 86
    example topic 示例主题 67
    headings in ……中的标题 88
    how to organize 如何组织 83
    introduction 引言 81
    limitations acknowledgement 承认局限性 82
    organization of ……的组织形式 83–84, 87
    paraphrasing 转述 85
    patterns in ……中的模式 70–71
    relationships in ……中的关系 64
    student examples of ……的学生示例 84–85
    Student's job in ……中的学生工作 65, 80
    topic importance 主题重要性 66
    trends in ……中的趋势 64
    usefulness of ……中的可用性 66
    verb choice 动词的选择 82, 84
Logic 逻辑 20, 23, 93
"Long-term fieldwork," "长期的田野调查" 105

M

Maida, CA 梅达 CA 13
Manual, MLA style 手册，MLA格式 169

Maps 地图 117
Marcus, George E. 马库斯, 乔治·E 40
Marr, Bernard 马尔, 伯纳德 116
Matching 呼应 90
Matthews, Janice R., and Robert W. Matthews 马修斯, 珍妮丝·R和罗伯特·W. 马修斯 116, 132, 146, 158, 160, 165
Mead, Margaret 米德, 玛格丽特 7, 163
Medical anthropologists 医学人类学家 92
Medical Anthropology and the World System《医学人类学与世界体系》182, 190
Methods, range in 方法, ……中的范围 5, 6, 114–115
McGill, Kenneth 麦吉尔, 肯尼斯 82
Metadata 元数据 35
Methodology 方法论 78
Millennium Ecosystem Assessment Board 千年生态系统评估委员会 121
Mini-ethnographies *see* Ethnography 小型民族志参见"民族志"
Misconduct see Fabrication and Plagiarism 不端参见"捏造与剽窃"
Moore, David Chioni 摩尔, 大卫·奇奥尼 187
Movements, nonverbal body 动作, 非语言的肢体 48
Mukhopadhyay, Carol C., and Yolanda T. Moses 穆霍帕德海耶, 卡罗尔·C和尤兰达·T.摩西 130

N

Narrator 叙述者 35
National Cancer Institute - Office of Communications and Education 美国国家癌症研究所–传播与教育办公室 116
National Geographic《国家地理》8
National Park Service 美国国家公园管理局 130
National Science Foundation 美国国家科学基金会 144
Nature《自然》141
Nazi Party 纳粹党 33
Nelson and colleagues 尼尔森及其同事 119
New York City 纽约市 17
New Yorker, The《纽约客》8
North America 北美 102
North Atlantic Islands 北大西洋群岛 120
Nostalgia 怀旧 37

Notes, written 笔记，书写 46
Nouns 名词
    fuzzy 模糊的 164–165
    gender neutral 中性 140
Nulungu Research Institute 努伦古研究所 91
Numbers 数字 133

O

Old World archaeology 旧大陆考古学 136
    See also subfields in Anthropology 另见"人类学的分支领域"
Ontological anthropology 本体论人类学 71
Operators, Boolean 运算，布尔 68
Order of information, for flow improvement 信息的整理，为提升流畅度 153–154
Organizational styles, literature review, in 组织方式，文献综述，……中 87

P

Pacific Standard《太平洋标准》8
Paleoanthropologist 古人类学家 136
    see also subfields in Anthropology 另见"人类学的分支领域"
Parallelism 平行结构 155–157
Paragraphs, body 段落，正文
    vs. headings 与标题 109
    length 长度 158
    literature reviews 文献综述 81
    organization of 的组织方式 86
"Participation in Context," "情境中的参与" 78
Patients and Healers in the Context of Culture《文化语境中的患者与治疗者》160
Patterns 模式 60, 71
Papua New Guinea 巴布亚新几内亚 7
peer review 同行评议 7, 193–196
    anthropology-specific issues 人类学特有的问题 194–195
    appropriate use of style 风格的恰当运用 194–195
    Book/Film Reviews, in 书评/影评，……中 30
    "higher-order concerns," "关注'更高层次'" 193–194

"I" statements, use of 第一人称陈述,……的使用 194
　　questions and suggestions 问题与建议 196
　　summary, writer provided 总结,作者提供 193
　　writer-identified concerns 作者希望着重注意的问题 193
Perspective, historical 视角,历史的 33
Pettigrew, Thomas J. 佩蒂格鲁,托马斯·J 10
Photography 摄影 46
Phrases, lead-in *see* Signal phrases 词语,导入参见"信号语"
Pillow, Wanda 皮劳,旺达 12
"Pointing words," "指示词" 26
Potter, Chief Justice 波特,首席大法官 128
Power, writing concerns and 权力,写作关注和…… 17
Predicament of Culture, The《文化的困境》190
Primitive 原始的　9, 35, 163–164,
　　see also outdated terms 另见"过时的术语"
Proceedings of the National Academy of Sciences (PNAS)《美国国家科学院院刊》(简称 PNAS) 119
Professor, importance in topic selection 教授,在主题选择中的重要性 67
Proof 证明 99
Pronouns, gender neutral 代词,中性 139
"Pumping Up Intelligence: Abrupt Climate Jumps and the Evolution of Higher Intellectual Functions During the Ice Ages,"《提升智力:气候突变与高等教育的演变》190
Purdah "深闺制度" 142, 175
Pyburn, K. Anne 派伯恩,K. 安妮 138

Q

Quality of text 文本的质量 26
Quantitative data 定量数据 46
Questions, interview 问题,访谈 56–57
Quote incorporation 将引语融入自己的行文 184–185

R

Rapp, Rayna 拉普,雷纳 187–188, 190–191
Reaction, gut 反应,本能的 60
Reason 原因 98

Reading Response/Reaction Paper 阅读心得类报告 ƒ19, 25, 42
Rebuttal 辩驳 94
Recordings 记录 46
"Reestablishing 'Race' in Anthropological Discourse,"《在人类学话语中重新确立"种族"》130
Reflection 反思 61
Reflexivity 反身性 12, 59–61
Refworks software RefWorks软件 189
Reichs, Kathy 莱克斯, 凯西 8
Relation words 关系类动词 147–148
Research 研究
    difference across disciplines 不同学科之间的差异 3
    ethics review 伦理审查 40
    humans, of 人, ……的 2
    methods in reflexivity 反身性方法 12
    student 学生 93
    tensions in ……中的压力 2
    see also Analysis 另见"分析"
Response papers 心得报告
    In contrast with other types 与其他类型对比 31
    emotional reaction 情感反应 25
    quality of text 文本的质量 26
    reactions to text 对文本的回应 25
    student examples of 关于……的学生示例 29
    supporting claims 支撑论点 27
    thesis statements 论题陈述 24
    tone of text 文本的文风 25
    types of writing 写作的类型 24
Review, grammar 审查, 语法 133–134, 136
Risk and Culture: An Essay on the Selection of Technological and Environmental Dangers《风险与文化：论技术和环境危险的选择》32
Roberts, David 罗伯茨, 大卫 130
Romance on a Global Stage《全球舞台上的浪漫》98
Rosnow, Ralph L., and Mimi Rosnow 罗斯诺, 拉尔夫·L和米米·罗斯诺 118

S

Salamone, Frank A. 萨拉莫内, 弗兰克·A 176

索 引

Salem, Massachusetts 塞勒姆，马萨诸塞州 11

Saudade "萨乌达德" 37

Savage Minds "野性思维" 8

Scatterplots 散点图 117

Schensul, Jean J., and Margaret Diane LeCompte 申苏尔，简·J和玛格丽特·黛安娜·勒孔特 38

Schmidt, Randell, Maureen Smyth, and Virginia Kowalski 施密特，兰德尔、莫林·史密斯和弗吉尼亚·科瓦尔斯基 64, 68, 74–75

Scopus database "斯高帕斯"数据库 68

Search engine optimization 搜索引擎优化法 127

Sections, numbered 部分，带编号的 105

Senses, five 感官，五种 48

Sentence arrangement 句子编排 154

Sentence, lead-in 句子，导入 185

Sentence length 句子长度 158

Sentence linking 句子联系 155

Sentence variety 句子的多样性 159–160

"Sick healers: chronic affection and the authority of experience of an Ethiopian hospital,"《生病的医者：埃塞俄比亚医院的慢性病和经验权威》105

Signal phrases 信号语 182

Simpson, Bob 辛普森，鲍勃 180

Singapore 新加坡 125

Singer, Merrill 辛格，梅瑞尔 182, 190

Smyth, T. Raymond 史密斯，T. 雷蒙德 128, 146, 170

Society for American Archaeology (SAA) 美国考古学会（简称SAA）138, 169

"Sociocultural differences in the impact of amniocentesis: an anthropological research report,"《羊膜穿刺术影响的社会文化差异：人类学研究报告》190–191

Sontag, Susan 桑塔格，苏珊 160

Sources, paraphrasing 引文来源，转述 173, 174–178

    citations 引文 177

    good examples of 关于……好的示例 178

    outside 之外的 35

    plagiarism 剽窃 176

    rules for citations 引用的规则 178

Sources, primary *vs.* secondary 引文来源，一手与二手 93

Sources, quoting 引文来源，直接引用

    brackets, use of 括号，……的使用 181

    currency, as "通货"，作为 180

direct integration 直接整合 185
　　　good example of 关于……好的示例 179
　　　infinitive verbs, use of 不定式动词,……的使用 186
　　　introduction of speaker 对他人观点的介绍 181
　　　italics, addition of 斜体,……的添加 181
　　　summary in ……中的总结 185
　　　verb tenses 动词时态 184
　　　words, addition of 词语,……的添加 180
　　　word removal 删除词语 180
Sources, summarizing 引文来源,概括 173–175
Stages of writing, three 写作的阶段,三个 128
Statistics 统计 135
Sterk-Elifson, Claire 斯特克–埃利森,克莱尔 28, 114
Strategies 策略 4, 28
Structure 结构 17
Style, writing Anthropological writing, in 文风,撰写人类学作品,在……中 129
　　　elements of ……的要素 129
　　　point-by-point 逐点分析 23
　　　response papers 心得报告 29
Subfields in anthropology 人类学的分支领域 71, 91, 136 See also Cultural anthropology; Old World archaeology; Ontological anthropology; Paleoanthropologist 另见文化人类学、旧大陆考古学、本体论人类学、古人类学家
Sub-Saharan Africa 撒哈拉以南非洲地区 107
Sullivan, Patrick 沙利文,帕特里克 91
Summary, Book/Film Reviews 总结,书评/影评 33
Supreme Court 最高法院 128
Susser, Ida 萨瑟,艾达 182, 90
Syntax 句法 88

T

Tables 表格 117
Tedlock, Barbara and Jane Kepp 特德洛克,芭芭拉和简·凯普 145
Temperance Brennan《坦珀伦斯·布伦南》8
Technologies *see* Technology 科技(复数)参见"科技(单数)"
Technology 科技 44
Terminology 术语

  outdated 过时的 8, 9, 14, 164
  race and ethnicity 种族和族群性 132
  relevance of 与……相关 68
Terms, key *see* Keyword 术语, 关键参见"关键词"
Themes 主题
  Book/Film Reviews 书评/影评 30
  literature reviews 文献综述 90
  response papers 心得报告 28
Theory 理论 5
Thesaurus 词库 166
Thesis statement 论题陈述
  characteristics of ……的特点 100
  critiques 评论文章 22–23
  empty adjectives 空洞的形容词 100
  examples of ……的例子 98–99
  reason 原因 98
  response papers 心得报告 24
  subordinate clauses 从句 97
  tips for construction 结构技巧 96
"Thick description," "深描" 17
  see also description 另见"描述"
Time 时间 136–137, *t*138
Timing 计时 47
Tone 口吻 25–26
Topic selection 选题
  controversies 争议点 72
  example of ……的例子 66–67, 73
  inclusion criteria 入选标准 72–73
  librarian's role 图书管理员的作用 67
  literature review 文献综述 66
  mistakes 错误 68
  professor's role 导师的作用 67
  searches for 搜索 69
  suggestions for 建议 72
Toulmin, Stephen 图尔敏, 史蒂芬 93
Toulson, Ruth E. 图尔森, 露丝·E. 124
Toward an Integrative Medicine: Merging Alternative Therapies with Biomedicine 《迈向综

合医学：将替代疗法与生物医学相结合》190
Toward Engaged Anthropology《迈向介入人类学》13
Transcription, interview 转录，访谈 58
Transitions 过渡语 150–151
Turnbull, Colin 特恩布尔，科林 171–172
Turner, Victor 特纳，维克多 106

U

United Nations Human Development Report《联合国人类发展报告》121
United States 美国 2, 32
University of Adelaide Writing Centre 阿德莱德大学写作中心 124
University of Notre Dame 圣母大学 91
URL 统一资源定位符（URL）191
U.S. Census Bureau 美国人口调查局 130
US Southwest 美国西南部 120

V

Verbs 动词
    concision, importance of 简明扼要，……的重要性 146
    infinitive 不定式 186
    list of ……的清单 183
    precise 确切 146–147
    and signal phrases 和信号语 183
    tenses 时态 124, 149–150, 184
Voice, active vs. passive 语态，主动 vs.被动 144

W

Wade 韦德 180
"War on Terror," "反恐战争" 33
Warrant 依据 94
Websites 网站 188, 192
Weida, Stacy and Karl Stolley 韦达，史黛西和卡尔·施托利 93
West Africa 西非 34
What Really Matters《道德的重量》160

"When Social Science is Doing Its Job,"《当社会科学尽其职责时》10
Wildavsky, Aaron 维尔达夫斯基,艾伦 32
Williams, Drid 威廉姆斯,德里德 94
Williams, Joseph M. 威廉姆斯,约瑟夫·M. 153–154
World War I 第一次世界大战 32
Wolcott, Harry F. 沃尔科特,哈利 F. 46, 62
Words, commonly misused 词语,易误用的 163
World War II 第二次世界大战 21, 32–33
"Writers on Writing" website "作家谈写作"网页 160
Writing types 写作类型 7
  blogs 博客 8, 13
  book/film review 书评/影评 9
  compare/contrast paper 比较/对比文章 9
  critical research paper 批判研究性论文 9
  critique 评论 9
  ethnographic novels 民族志小说 8
  ethnography 民族志 9
  expectations of ……的要求 10
  fiction based on field research 基于田野调查的虚构作品 8
  field-based papers 田野调查类论文 9
  IMRD report IMRD报告 9
  literature review 文献综述 9
  novels 小说 8
  personal narrative 个人叙事 8
  point-by-point 逐点 23
  purpose of ……的目的 1, 7, 23
  reading response/reaction paper 阅读心得类文章 9
  structure, and 结构,和 9
  student 学生 29
  traditional analysis 传统分析 8
Writing Culture《写文化》3

Z

Zambia 赞比亚 34
Zimbabwe 津巴布韦 34
Zotero software Zotero软件 189

"进阶书系"—— 授人以渔

在这个信息爆炸的时代,大学生在学习知识的同时,更应了解并练习知识的生产方法,要从知识的消费者成长为知识的生产者,以及使用者。而成为知识的生产者和创造性使用者,至少需要掌握三个方面的能力。

思考的能力: 逻辑思考力,理解知识的内在机理;批判思考力,对已有的知识提出疑问。
研究的能力: 对已有的知识、信息进行整理、分析,进而发现新的知识。
写作的能力: 将发现的新知识清晰、准确地陈述出来,向社会传播。

但目前高等教育中较少涉及这三种能力的传授和训练。知识灌输乘着惯性从中学来到了大学。

有鉴于此,"进阶书系"围绕学习、思考、研究、写作等方面,不断推出解决大学生学习痛点、提高方法论水平的教育产品。读者可以通过图书、电子书、在线音视频课等方式,学习到更多的知识。

同时,我们还将持续与国外出版机构、大学、科研院所密切联系,将"进阶书系"中教材的后续版本、电子课件、复习资料、课堂答疑等及时与使用教材的大学教师同步,以供授课参考。通过添加我们的官方微信"学姐领学"(微信号:unione_study)或者电话15313031008,留下您的联系方式和电子邮箱,便可以免费获得您使用的相关教材的国外最新资料。

我们将努力为以学术为志业者铺就一步一步登上塔顶的阶梯,帮助在学界之外努力向上的年轻人打牢解决实际问题的能力,成为行业翘楚。

品牌总监   刘 洋
特约编辑   何梦姣
营销编辑   王艺娜
封面设计   马 帅
内文制作   胡凤翼

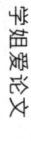